·我的数学第一名系列·

小小数学家的夏天

U0222943

[意] 安娜·伽拉佐利　著
[意] 加亚·斯泰拉　绘
王筱青　译

中信出版集团 | 北京

图书在版编目（CIP）数据

小小数学家的夏天 / (意) 安娜·伽拉佐利著；(意) 加亚·斯泰拉绘；王筱青译. -- 北京：中信出版社, 2021.2

（我的数学第一名系列）

ISBN 978-7-5217-2579-7

Ⅰ.①小… Ⅱ.①安… ②加… ③王… Ⅲ.①数学－儿童读物 Ⅳ.①O1-49

中国版本图书馆CIP数据核字(2020)第253895号

Copyright © Giangiacomo Feltrinelli Editore, 2014
First published as *Matemago* in October 2014 by Giangiacomo Feltrinelli Editore, Milan, Italy
Illustrations copyright © Gaia Stella Desanguine, 2014
The simplified Chinese edition is published in arrangement through Niu Niu Culture.
Simplified Chinese translation copyright © 2021 by CITIC Press Corporation
All rights reserved.

本书仅限中国大陆地区发行销售

小小数学家的夏天
（我的数学第一名系列）

著　　者：[意] 安娜·伽拉佐利
绘　　者：[意] 加亚·斯泰拉
译　　者：王筱青
出版发行：中信出版集团股份有限公司
（北京市朝阳区惠新东街甲 4 号富盛大厦 2 座　邮编　100029）
承 印 者：天津海顺印业包装有限公司分公司

开　　本：889mm × 1194mm　1/24　　印　张：5.5　　字　数：120千字
版　　次：2021年2月第1版　　印　次：2021年2月第1次印刷
京权图字：01-2020-0163
书　　号：ISBN 978-7-5217-2579-7
定　　价：33.00元

出　　品：中信儿童书店
图书策划：如果童书
策划编辑：安虹　　责任编辑：房阳　　营销编辑：张远
装帧设计：李然　　内文排版：思颖

版权所有·侵权必究
如有印刷、装订问题，本公司负责调换。
服务热线：400-600-8099
投稿邮箱：author@citicpub.com

献给那些好奇且不怕犯错的人

目录

小小数学家的夏天

数学现在成了我最喜欢的科目（快要赶上橄榄球了）。这个夏天，为了准备校际数学竞赛，我要跟比安卡参加一期暑假课程。我们现在很擅长解题，这下肯定更没人能打败我们了。

可以参加的暑假课程很多，我很幸运，运动课程里有橄榄球可选。而比安卡除了数学，不知道诗歌和科学选哪个好（她长大后想当个海洋生物学家）。最终她选了诗歌，她是个很感性的人，而且很擅长押韵。

课程从周一开始，我们不用带点心去，上烹饪课的同学会准备小面包。

蓬蓬头达里奥

给我们上课的是达里奥，他在大学里学数学。我以前就认识他，因为他曾经是我们老师的学生，还来班里找过老师几次。他头上就像顶了个圣诞蛋糕，滑稽极了！然而，在这蓬蓬的头发下面却有着一个聪明的大脑！

我们一共有 10 个人，只有我和比安卡来自同一个班。

达里奥首先让我们相互认识。每个人都做了自我介绍，解释自己为什么喜欢数学。有个叫弗朗切斯科的男孩，他决定要专心致志学数学的原因，是想发明一个机器人，可以解决问题并能帮助小朋友做家庭作业（这是他从一部电影里得来的灵感）。大家听他这么说都笑了起来，我也觉得这是在做梦……达里奥却说这没什么可笑的，可如果是出于这个目的，科学家们早就发明了电脑，可以用来解决很多问题。在古希腊语里，“数学”的意思是“知识”，而“问题”的意思是“障碍”。所以，数学给我们提供了用来消除障碍的知识，也就是用来解决问题的知识。

“没错，”达里奥说，“一个没有疑问的数学家，就像一个在没有水的池子里游泳的运动员。记住，永远不要让水干掉！”为了摸一摸大家的底儿，他马上来了个测试。“现在，我们来看看这道很棒的题：这是意大利地图，给它涂上颜色。记住，两个相邻的行政区不能涂相同的颜色。”然后他给了我们 3 支不同颜色的笔。

“现在可不是地理课！”迭戈说道。

“我知道。这其实跟地理没有任何关系，这是一道数学题！没问题了吧？你们试一试就明白了。”

我们开始给地图涂颜色。一开始我涂得很顺利，但涂到翁布里亚大区的时候，我发现 3 种颜色根本不够用。

意大利共和国

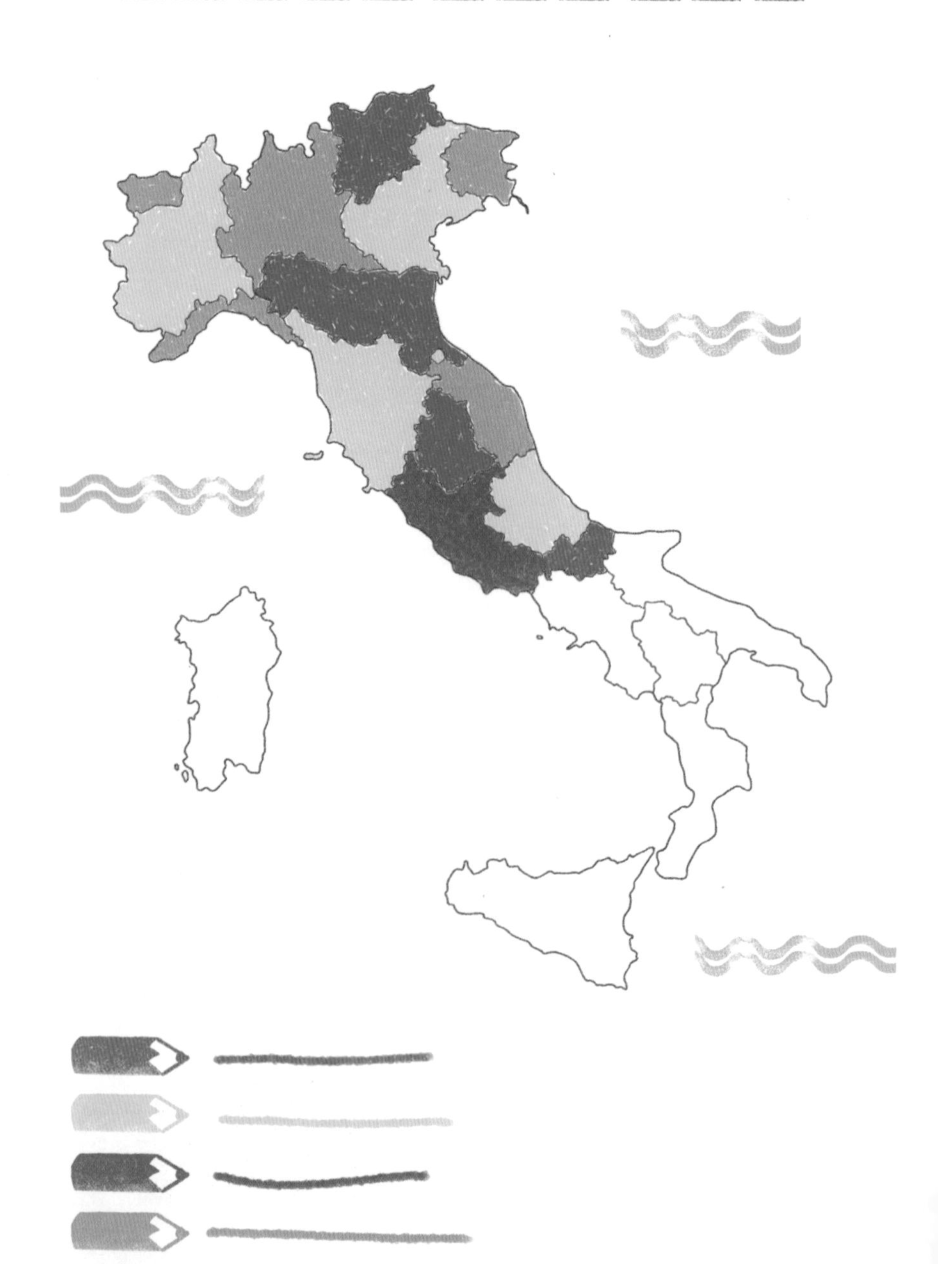

这里必须要用另外一种颜色，不然相邻两个行政区的颜色就会相同。我向达里奥要了蓝色。保险起见，我还顺便要了粉色。

“不用，不用！”达里奥说，“我很确定，你们根本不需要第5种颜色。人们花了一百多年时间，终于成功地证明了这一点：给任何一张地图涂色，无论它多么复杂，有多少个行政区，4种颜色就足够了！”

我们觉得很奇怪，如果有很多个行政区，而且都互相挨着怎么办呢？为了方便理解，我们就从最简单的开始说明。

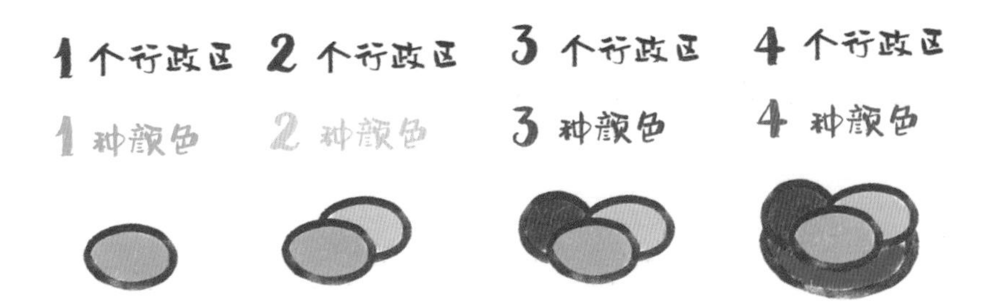

我们还以为，每多一个行政区，就需要多用一种颜色，没想到的是，当涂到5个行政区时，需要的颜色居然从4种减少到了3种。

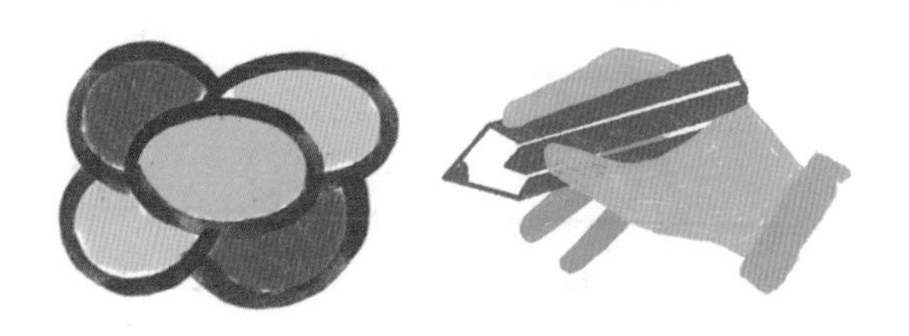

但是，当行政区增加到 6 个之后，又要用到 4 种颜色了。

而再增加一个，达到 7 个行政区时，所需颜色又成了 3 种。咦，怎么回事?

我们怎么也弄不明白。看着看着，我们发现了一个非常重要的规律：在一个行政区周围，如果有奇数个行政区，就需要 4 种颜色；如果有偶数个行政区，就只需 3 种颜色：一种颜色涂在中间，另外两种颜色在周围交替使用!

我们正想为这一发现欢呼，一个新的图案却把这一切推翻了。

绿色行政区的周围有偶数个行政区，没错，一共有4个，但它们中有两个与其他行政区都是相邻的，不能都用蓝色，而需使用另外一种颜色。我们发现的规律是错的，真是太失望了！达里奥鼓励说：“放心吧，不会错的。因为它是一条规律，而规律总是适用于任何情况，就像‘法律面前人人平等’，对吧？看看这里，这个黄色的行政区被3个相邻的行政区包围着，而3是奇数。所以，这里还需要另一种颜色！”

这就是为什么人们用了那么多年才把这条规律找出来……因为要想找出一条规律，让它适用于任何地图的任何相邻的行政区，实在是太复杂了。达里奥告诉我们，这一切发生在19世纪，当时有一名学生要给一张英国地图上的郡涂颜色，他意识到所需颜色不会多于4种。他把这件事告诉了哥哥，而哥哥的老师是一位伟大的数学家。这位数学家就开始研究，后来这件事在他的同事间流传开来，但大家都没有办法证明为什么总会这样。就在四十年前，两名数学家借助一台电脑终于成功地证明了出来。

那是一台机器第一次执行这么重要的一项任务。

弗朗切斯科听到这里，更加坚定了自己的想法：他要发明一台超级电脑，用它来解决所有的问题。

“要注意，”达里奥说，“电脑只是一台机器，人类教什么它就执行什么。所以，我们要先弄懂数学才行！”我有一个弟弟，真希望他长大以后能做出点发明。回到家，我给了他 4 支笔，让他给一个小丑涂颜色，他却更喜欢玩玩具车……也许明天他会涂吧。

难题 1

这是一张需要涂颜色的地图。虽然它很复杂，但也只需要 4 种颜色。

这是数学家、游戏发明家马丁·加德纳为了挑战他的读者想出来的。

一百万美元

这真是好大一笔钱！它将作为奖金，奖励给能够解开世界七大数学难题的人。

为了激励我们学好数学，达里奥说道：“2000年，数学家们齐聚一堂，列出了这些难题。其中有一道题已经被解开了。但奇怪的是，解开它的俄罗斯天才数学家却拒绝领奖！他说自己现在生活得很好，并不希望财富带来压力……他说，如果拥有了这笔钱，他就会去想用这些钱干什么，就无法专注于数学了，而他非常热爱数学。其实他说得没错……这位数学家就是格里戈里·佩雷尔曼，人称‘孤独的熊’，他跟妈妈一起生活在圣彼得堡的一所公寓里。佩雷尔曼不是第一个有这种想法的人，毕达哥拉斯也是一样。他甚至专门发明了一个词，用来形容那些热爱知识不是为了获得财富的人，他们唯一的目的就是想要知道得更多。他们被称作哲学家，这个词在古希腊语里意思是‘热爱知识的人’。”

我不讨厌成为哲学家，但也不想

到桥底下去流浪……谁知道呢，长大后我会做出选择。其实，我已经知道了一个数学难题！是我们学质数的时候老师讲的。质数就是 2、3、5、7、11 之类的数，这些数只能被它们自己和 1 整除。达里奥要我讲给其他人听，他也在一旁听着。

我鼓足勇气讲道："如果你有一个大于 2 的偶数，你总是可以找到两个质数，使它们相加的和正好等于这个偶数。比如：

8 = 3 + 5　　16 = 3 + 13　　30 = 13 + 17

10 = 5 + 5　　18 = 7 + 11　　40 = 17 + 23

"这样一直继续下去，直到找到你想要的所有例子。但是，我们没办法知道是不是所有偶数都是这样的……是呀，要怎样才能证明呢？偶数有无数个……"

"很好，这就是哥德巴赫猜想。它是数学家哥德巴赫提出来的。正是因为偶数有无数个，所以必须找到一个概括性的推理，

用来证明事实总是这样。但至今没有一个人能够做到。幸好还有你们。如果你们用自己聪明的数学头脑全心全意地投入，说不定哪一天能够成功……当然，你们不会是第一个尝试的人。是的，从前就有个男孩，全身心地投入类似的‘大脑冒险’中，并且赢了。接下来，我来讲一个故事，一个有着美好结局的故事。

“1900 年，数学家们在巴黎举行了一次国际会议。其中有一名很活跃的数学家，他提出了 23 个仍未被攻克的数学难题，这些难题就像巨石一样沉重。这是当时他们为刚刚开始的新世纪所做的工作计划。2000 年的数学大会，就是数学家受其启发，为了即将到来的新千禧年做出的挑战。而那 23 个一百年前的题目，只有一个留在了七大数学难题的清单上。那道题非常难，我没办法讲给你们听。

“而我要讲的，是那 23 个难题中的第十个，三百多年来，数学家们一直未能攻克。它就像哥德巴赫猜想一样，听起来很简单，证明起来却十分困难，需要用到非常复杂的理论。它最简单的形式是：我有很多个小正方体，它们可以一起组合成一个大正方体。那么，我能不能用它们组成两个稍小的正方体，而不会有

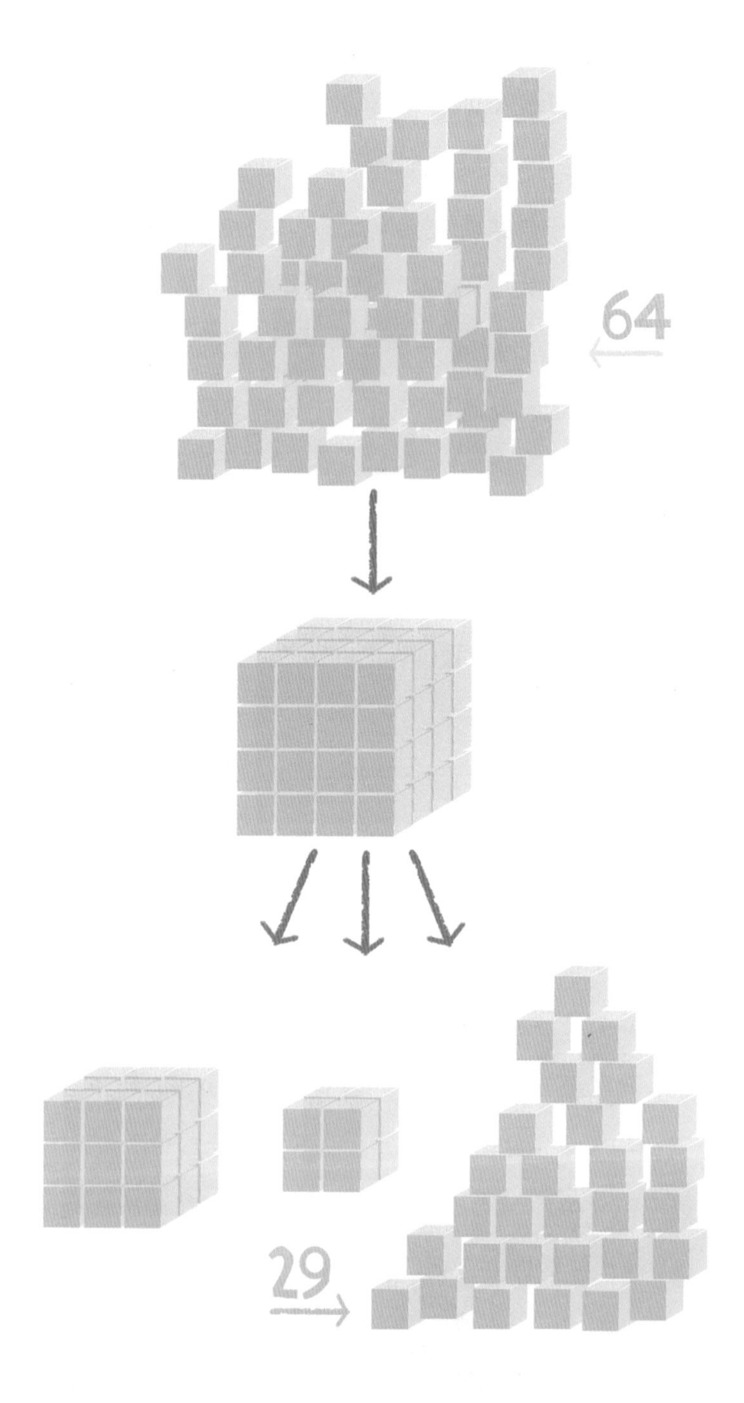
64
29

任何剩余呢？

“17 世纪法国伟大的数学家皮埃尔·德·费马，认为这是不可能做到的：把一个大正方体拆开，不可能正好组成两个小一点的正方体。他在手头读的一本书的页边写了注释，但没有写证明步骤，据说是因为没有足够的地方了。也许，这仅仅是一个借口，只是因为他并没能成功地证明出来……从那时开始，无数人想要证明它，但都失败了。我保证，真的有很多很多人都尝试过。这个问题就是著名的费马最后定理，这是费马留给后人的最后一个有待解决的问题。在几十年前的英国，一位老师同样把这个故事讲给了他的学生，就像现在我正在做的一样。一个男孩对这个问题特别好奇，特别着迷，他立志要好好学习数学，解决这道难题。大学毕业后，他又花了很多年推敲钻研，尝试了上千种方法，还与世隔绝了 7 年。1995 年，他终于成功了，变得举世闻名，连普通人都能从报纸上读到他的故事。为了证明这道难题，他足足用了 200 多页纸，就像费马说的，一页纸的页边处肯定是不够写的。他就是安德鲁·怀尔斯，我希望你们也能像他一样，将哥德巴赫猜想这块顽石攻破。”

不知道别人怎么想，反正我真的很感兴趣，长大以后没准会试一试。

难题 2

一个由 25 个小正方形组成的大正方形，怎样才能正好拆分成两个小正方形呢？一个由 100 个小正方形组成的大正方形又该怎么拆分呢？在 100 之后，下一个可以组成一个大正方形或者拆分成两个小正方形的数字是多少呢？

解题训练

“如果像弗朗切斯科说的，我们要使用电脑帮助解决问题，那就要下达一些很准确的指令。因为机器只会执行指令，而不会用大脑思考。所以，面对一个问题时，我们先要把它分解成很多个电脑可以处理的步骤和运算，再利用电脑一步一步地执行我们的指令，就能得到解决方案了。

“今天，我来教你们如何分解问题。就从厨房里说起吧，没有什么比一个好菜谱更能一项项列明所需步骤了——做一道菜，除了需要厨具，需要食材，还需要按照菜谱操作。解决数学问题也是如此，需要数据，需要按照流程来进行，最后就像一道好菜大功告成一样，问题的结果也新鲜出炉了。

“下面是三种食物的制作示意图，只要按照箭头的指示操作就可以完成，就像真正的厨师一样。”

马苏里拉奶酪番茄小面包

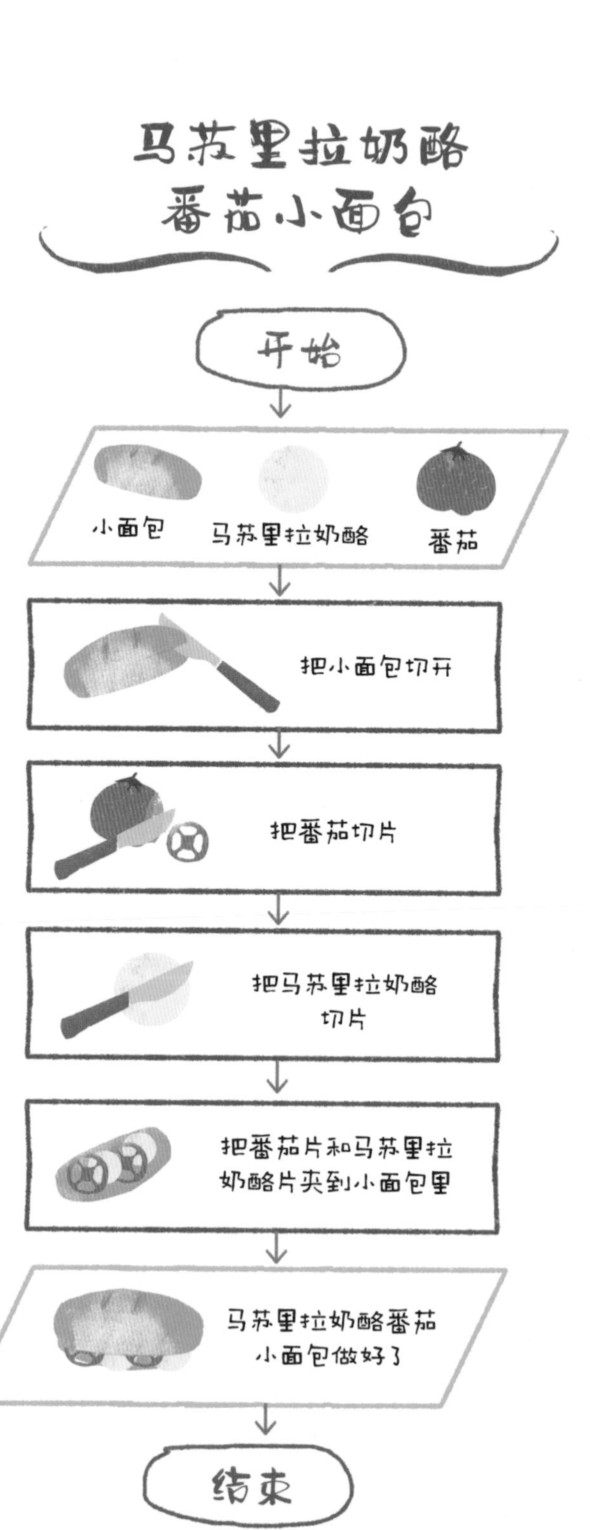

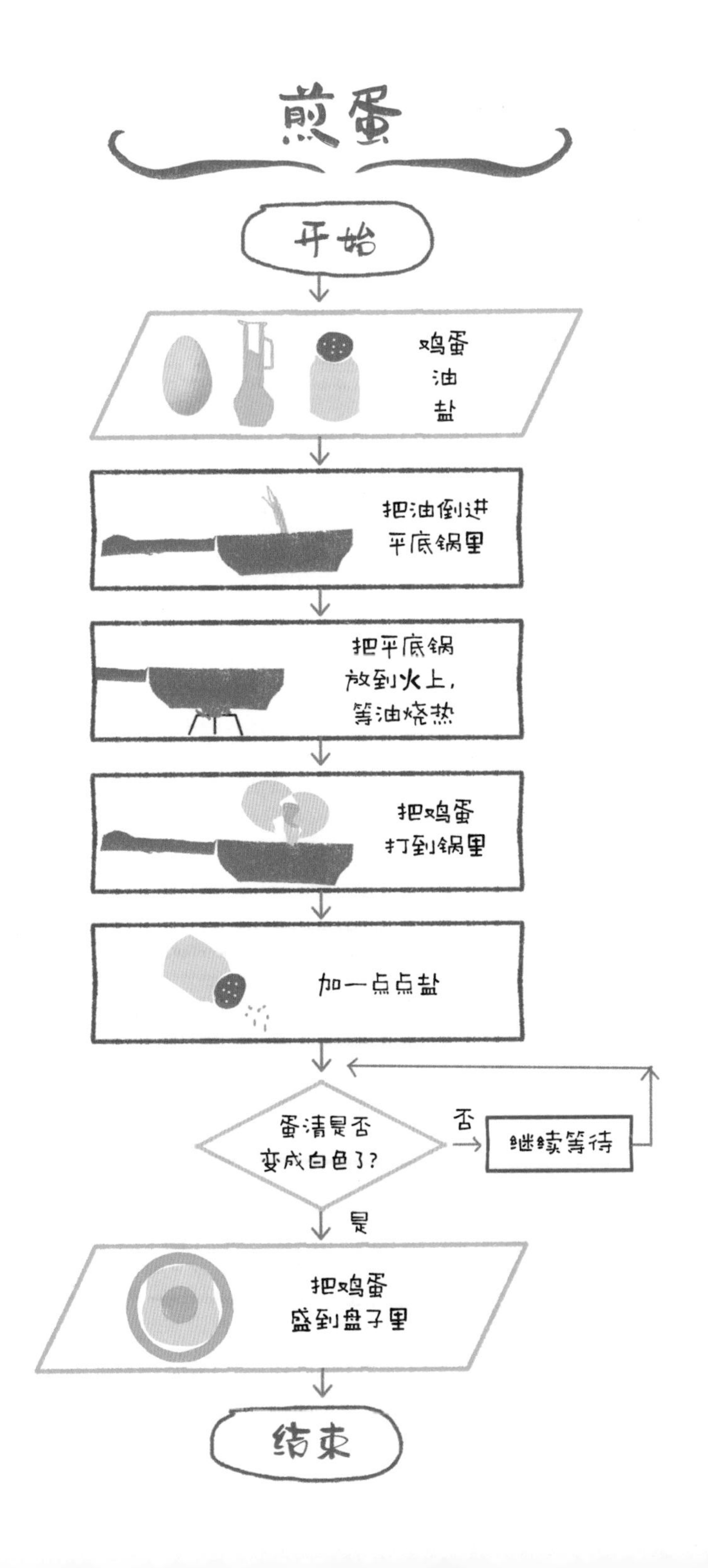
煎蛋
开始
鸡蛋
油
盐
把油倒进
平底锅里
把平底锅
放到火上，
等油烧热
把鸡蛋
打到锅里
加一点点盐
蛋清是否
变成白色了？
否
继续等待
是
把鸡蛋
盛到盘子里
结束

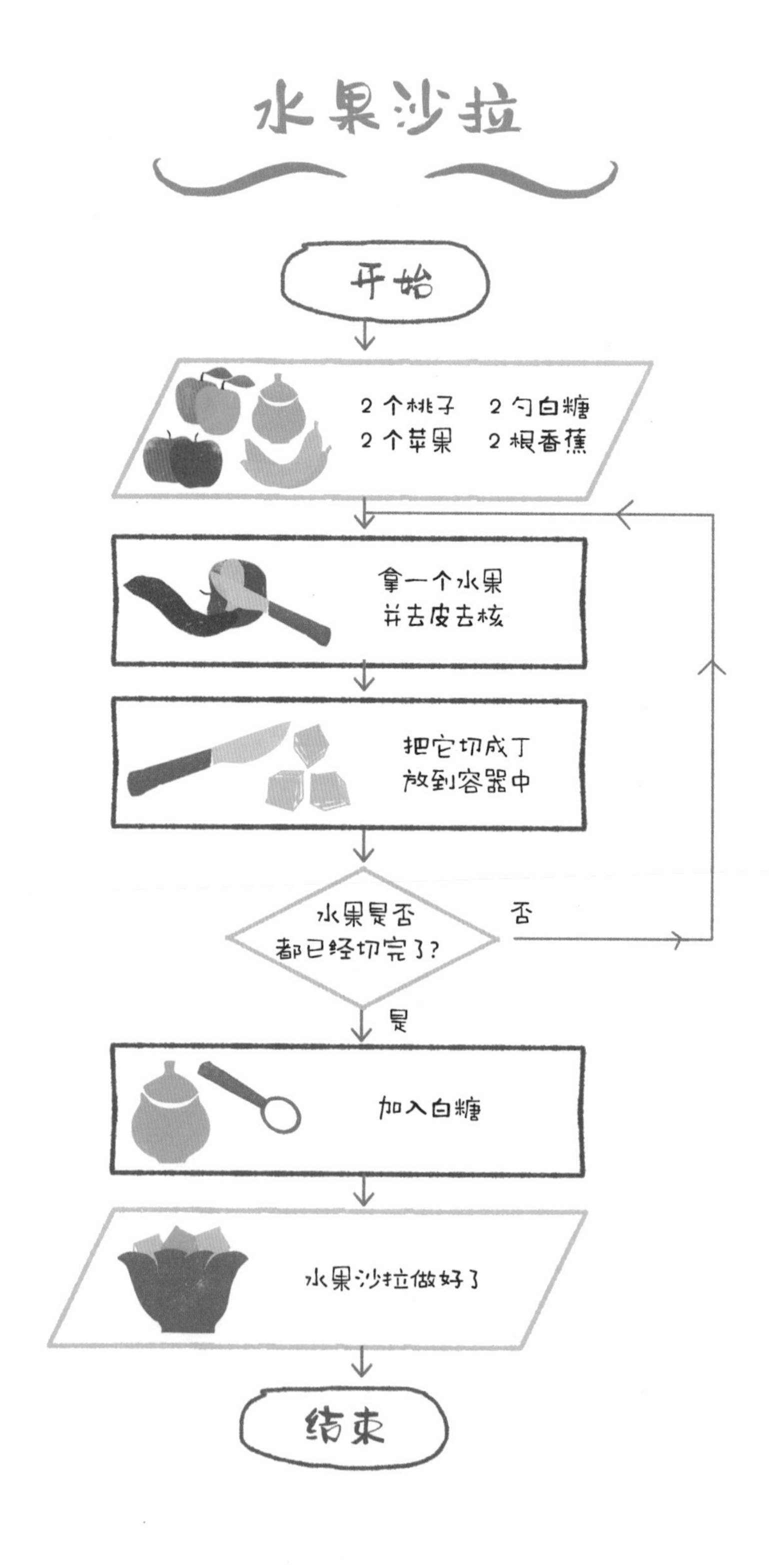
水果沙拉
开始
2 个桃子
2 勺白糖
2 个苹果
2 根香蕉
拿一个水果
并去皮去核
把它切成丁
放到容器中
水果是否
都已经切完了？
否
是
加入白糖
水果沙拉做好了
结束

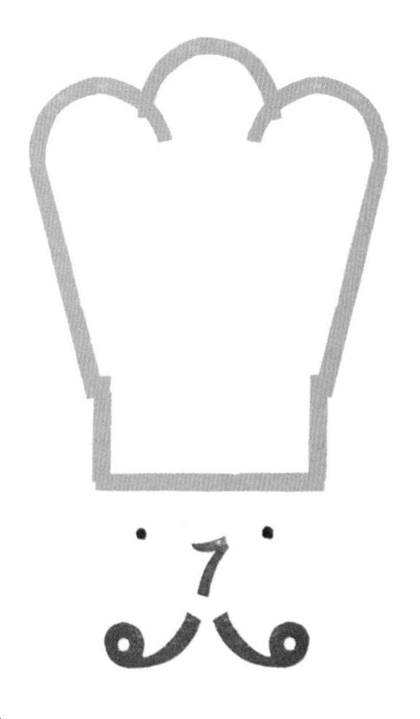

“在上下两个绿色的平行四边形框里，我在最开始那个里面写了需要的食材，在最后那个里面写了做出了哪种食物。专家管它们叫数据的输入和输出，意思是‘进来’和‘出去’。在粉色的长方形框里，我写了制作食物所需的操作。在黄色的菱形框里，我写了必要时会问到的问题。啊，忘记说了，这种示意图叫作流程图，意思是‘需要按照箭头的指示执行各个步骤’。”

这种图挺方便的。下次爸爸妈妈出门时，可以留给我流程图和食材，这样我就能参照图示做吃的了。比如炸薯条，我和弟弟都很爱吃。

接下来，达里奥变身成一位数学厨师。他编了三道题，正好可以用上刚才那些示意图。

第一道题： 你去文具店买了一盒彩笔，标价 4 欧元，有 25% 的折扣率；你还买了 2 个本子，每个本子 2.30 欧元。如果你付了 10 欧元，应该找给你多少钱？

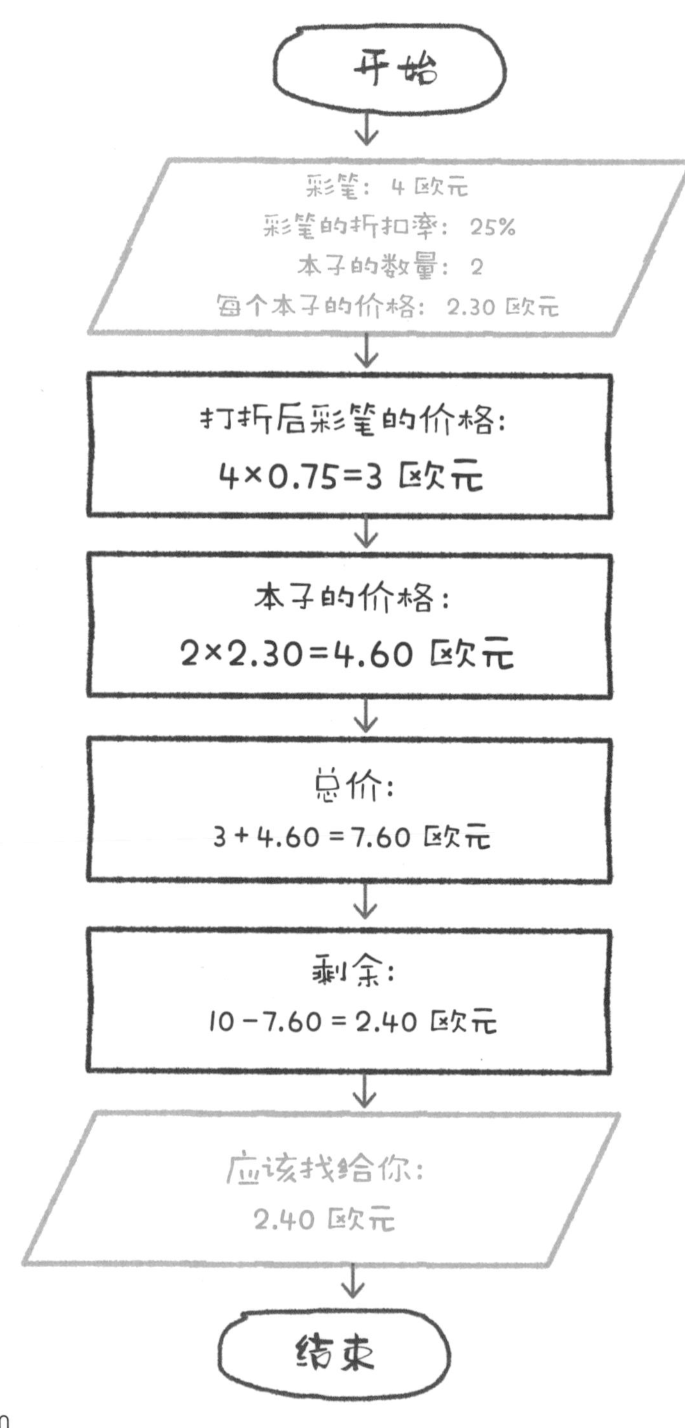
开始
彩笔：4 欧元
彩笔的折扣率：25%
本子的数量：2
每个本子的价格：2.30 欧元
打折后彩笔的价格：
4×0.75=3 欧元
本子的价格：
2×2.30=4.60 欧元
总价：
3+4.60=7.60 欧元
剩余：
10-7.60=2.40 欧元
应该找给你：
2.40 欧元
结束

这道题很简单。我觉得，达里奥之所以出这道题，是因为它的示意图与做面包的那个一个样儿！

第二道题：你去超市买了4盒意大利面，每盒1欧元；2罐去皮番茄，每罐0.90欧元；还有一瓶油，4.50欧元。正好超市在做活动：买东西超过10欧元就送一盒意大利面。问：你会获赠意大利面吗？

第三道题：我要在摇晃的桌腿下垫上纸，至少需要垫1.5厘米厚。我把1毫米厚的纸反复对折。问：至少要对折多少次，才能把它垫到桌腿下？

虽然听起来很奇怪，但这个问题真的与做水果沙拉很像。

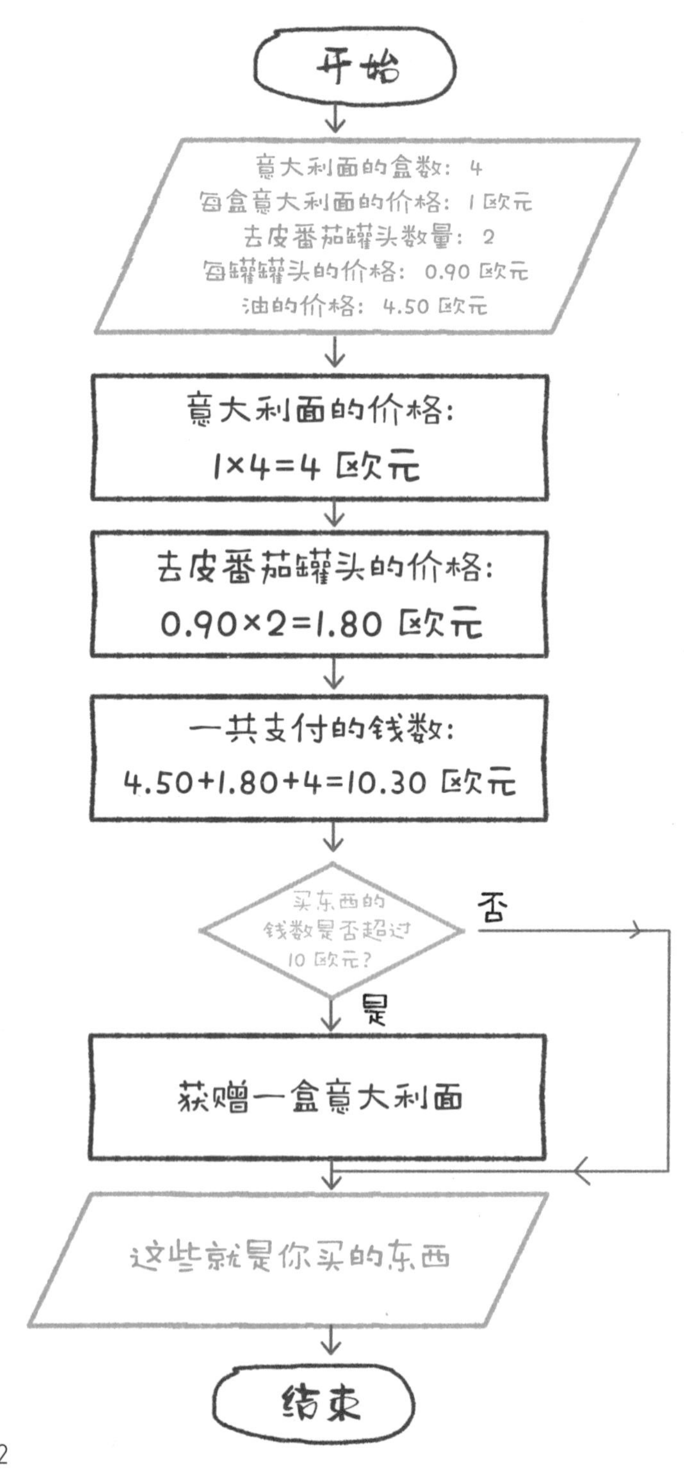
开始
意大利面的盒数：4
每盒意大利面的价格：1 欧元
去皮番茄罐头数量：2
每罐罐头的价格：0.90 欧元
油的价格：4.50 欧元
意大利面的价格：
1×4=4 欧元
去皮番茄罐头的价格：
0.90×2=1.80 欧元
一共支付的钱数：
4.50+1.80+4=10.30 欧元
买东西的钱数是否超过10 欧元？
否
是
获赠一盒意大利面
这些就是你买的东西
结束

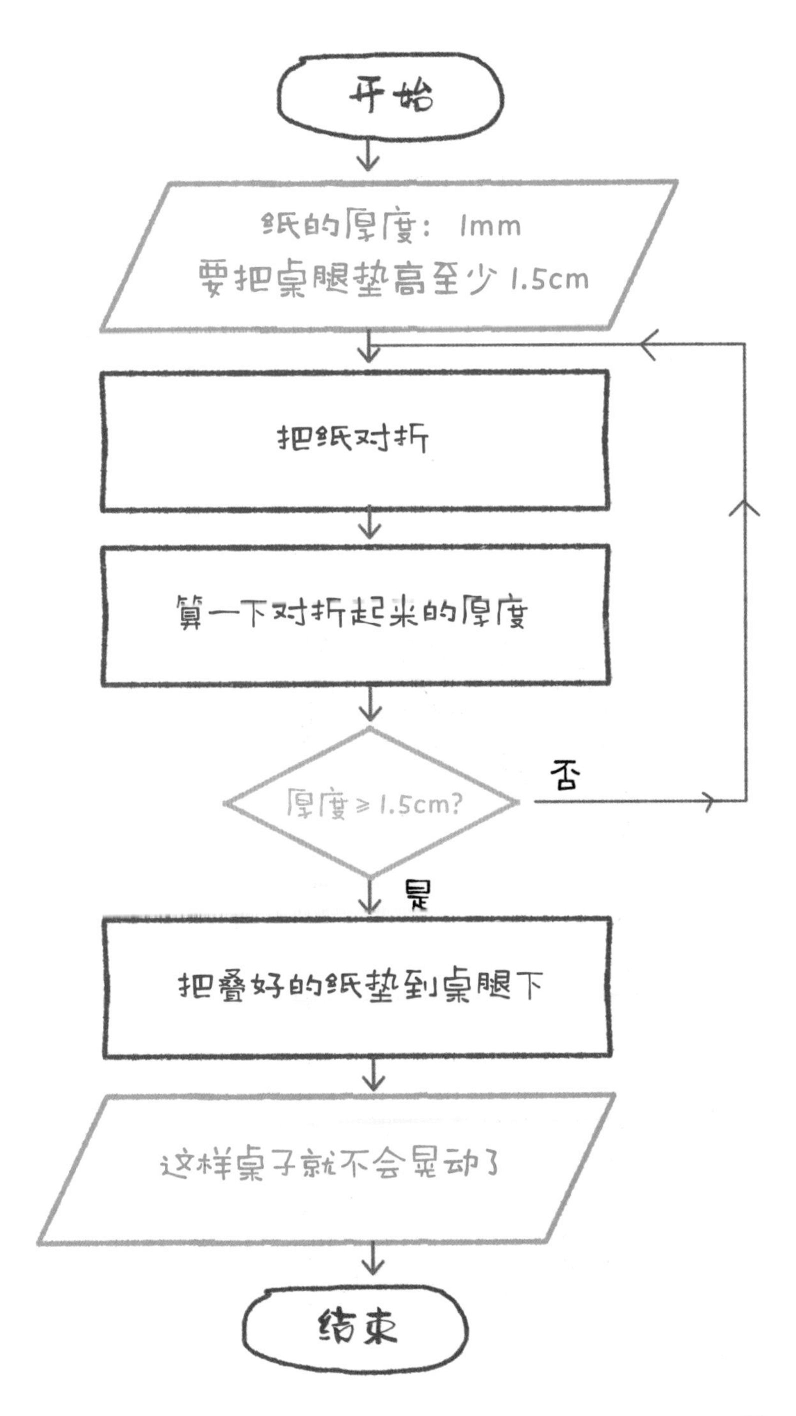
开始
纸的厚度：1mm
要把桌腿垫高至少1.5cm
把纸对折
算一下对折起来的厚度
厚度≥1.5cm?
否
是
把叠好的纸垫到桌腿下
这样桌子就不会晃动了
结束

这节课的最后，我们给这三个示意图分别起了名字：

第一个示意图叫作连续图，因为每一步都在上一步之后，也就是说它们是连续进行的。

第二个示意图叫作选择图，因为当有一个问题出现时，你可以选择回答“是”或者“否”。

第三个示意图叫作循环图，因为有些步骤你必须要重复很多次。从箭头的指示上可以看得很清楚：它们形成了一个回路，也就是一个循环。

回到家，我就在我的房门上挂上了这块牌子，因为我很喜欢甜食（最喜欢的是巧克力）：

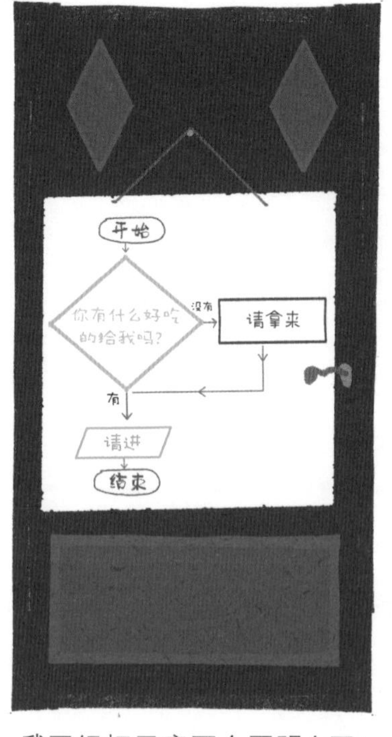

看吧，我已经把示意图全弄明白了！

难题 3

在下面的流程图上，省略号的位置那里应该写些什么呢？

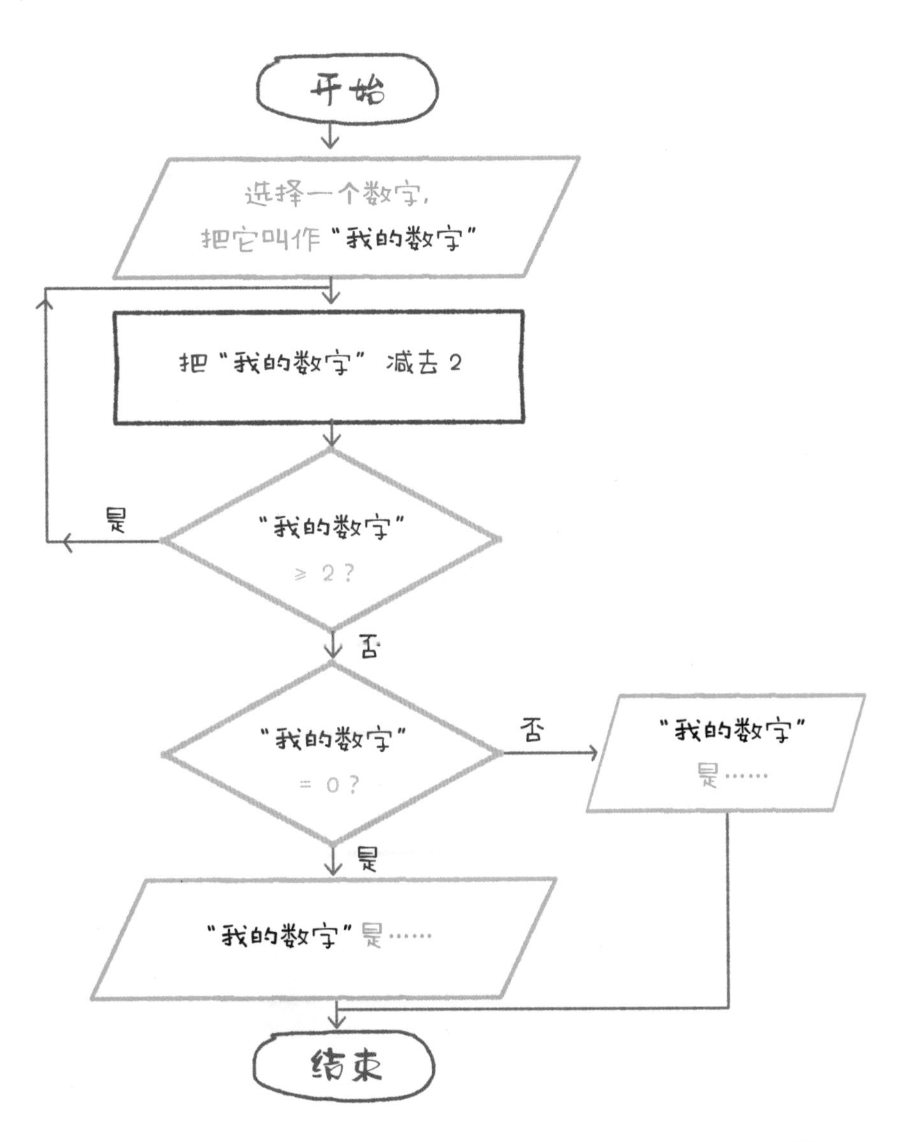

解决数学问题的方法

解决数学问题的方法叫作算法，这个名字的背后有一个奇特的故事。我们围在讲台周围，专心地听达里奥讲。我们真的好喜欢听故事呀！

“一千多年前，一个印度代表团来到了巴格达，也就是阿拉伯世界的都城。出于礼节，他们带来了很多珍贵的东西，有布料、香料等。而最受欢迎的是一本书。对，一本书。在书中的纸页上，写着十个小小的符号，它们很特殊，可以表示任何数，甚至是大得难以想象的数！这些符号就是我们现在使用的数字！它们的样子跟现在并不同，不过这不重要。重要的是，它们的记数方式是十进位制，使用起来也很简单，大家也都很了解。当然，除了数字，书中还解释了四种运算。巴格达的哈里发立刻就明白，这是一个了不起的发明。这个发明对他的子民非常重要，因为他们大部分都是商人，每天都在做着各种各样的计算。这简直就是一场革命！为此，哈里发叫来了一个很厉害的宫廷数学家穆罕默德·阿尔·花剌子米，指派他把书翻译成阿拉伯语。

“阿尔·花剌子米认真学习并翻译了这本书，用心解释了做

加法、减法、乘法和除法的诀窍。这本书在巴格达取得了巨大的成功，阿拉伯人因此变得非常擅长算数，无论计算什么都不会出错。他们还把这些知识教给贸易途中遇到的人。

“在当时的欧洲，人们用的还是罗马数字。可惜的是，罗马数字没法用来计算，这一点你们都知道了！要进行计算，人们得使用算板。算板也是一种计算工具，类似我们使用的算珠。只有很少的人懂得怎么使用它，有些专家还把会使用算板当成手艺，以此获得报酬。又过了将近四百年，印度人和阿拉伯人的数字才传到欧洲，后来又过了一百年才传到英国。而把这些数字带到欧洲的，是一个来自比萨的意大利人。他的名字叫列奥纳多，跟伟大的科学家达·芬奇同名，但人们都叫他斐波那契，因为他的父亲外号波那契先生，他就得了斐波那契的名字[①]。列奥纳多一直跟着父亲在阿拉伯国家工作，很了解那儿的数字系统。他觉得阿拉伯数字既实用又便捷，决定写一本书，书中提到了阿尔·花剌子米

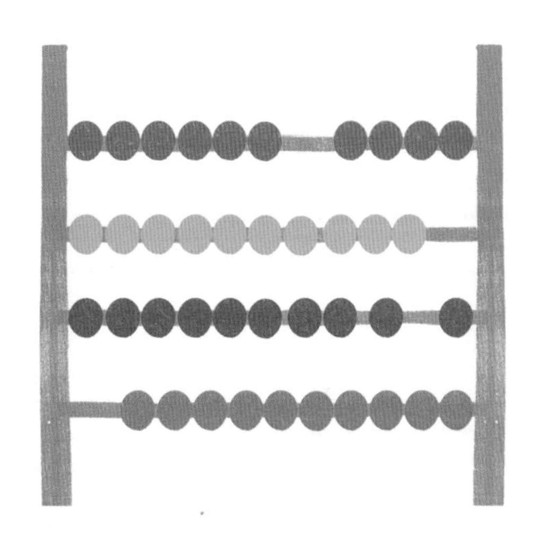

① 列奥纳多的父亲外号波那契（Bonacci），因此列奥纳多得名斐波那契（Fibonacci），即拉丁语 filius Bonacci，Bonacci 之子的意思。——译者注

的计算方法。欧洲人终于也拥有了这样一个强大的工具。会使用它的人都很自豪，还对别人夸耀：‘我会使用阿尔·花剌子米算法！’可是，这个名字实在太难读了，人们经常会读错，先是读成‘阿尔库瓦兹姆’，又读成‘阿尔戈利兹姆’，后来竟读成了‘阿尔戈利特姆’，这就是‘算法’一词的读音[①]。好了，我给你们讲了阿拉伯数字是如何传到我们这里的，为什么算法是解决数学问题的方法，还有为什么我们的数字系统叫作印度-阿拉伯数字。都清楚了吗？”

我第一次听到算法一词时，觉得它跟音乐[②]有关，现在想想真是太傻啦！我可算明白了，我们画一个问题的流程图，其实就是在写出它的解决方案，也就是说，我们在创建它的算法——这也正是计算机专家做的事情。想要正确地画出流程图，就必须知道公式，不然，我们在粉色方框里该写些什么呢，而机器人又该执行什么指令呢？

“注意啦！”达里奥说，“公式是数学家必不可少的工具，是他们用来分析和解决问题的工具。所以，数学家一直不断地努力，希望发现更多的公式。近一百年间，人们在很多新领域有了很多新的发现！任何一张地图上只需涂 4 种颜色，就是发现之一。你们可能不信，连组成计算机的电路，也是根据地图涂色问题的相关公式设计的。这个新的数学分支叫图论。就像几何和算数一样，

① 算法（意大利语：algoritmo），是阿尔·花剌子米（Al Kuwarizmi）的变音。——译者注
② 算法（algoritmo）一词中，ritmo 是节奏、韵律的意思。——译者注

它也是解决现代问题必不可少的一个工具，甚至连那些社交软件（比如脸书），或者搜索引擎（比如谷歌），也是基于图论创建的！”

难题 4

斐波那契在他的书里写到了一个很令人好奇的问题，是关于兔子家族出生的小兔子的。他想要预测出每个月月末，兔子窝里一共有多少对兔子。从一对刚出生的小兔子开始，过了一个月，它们长成了一对可生育的成年大兔子，再过一个月，它们生下一对小兔子。就这样，每个月可生育的兔子都会生出小兔子……

下面是每个月兔子的对数：

月份	1月	2月	3月	4月	5月	6月	7月	8月	9月	10月
兔子对数	1	1	2	3	5	8	13	21	34	?

这一系列的数字叫作斐波那契数列，我们在植物界也经常可以看到，比如向日葵种子的排列方式。那么，接下来的一个月会有多少对兔子呢？

脸书？谷歌？

数学跟社交软件有什么关系？跟搜索引擎又有什么关系呢？

“来看下面这个图，”达里奥解释说，“它是由中心点（用户）及连接它们的线条组成的，可以完全解释清楚我在脸书上的交友关系，不需要再借助其他任何语言。当然，为了说明方便，我在这里减少了好友的数量和好友的好友的数量。

“我有一个虚拟留言板，可以在上面发帖子、照片或视频。这个图说明，迭戈、乌戈、卡洛、劳拉和马里奥都可以查看我的留言板。同样，劳拉也有自己的留言板，而我、路易莎、保罗、埃娃和萨拉可以查看她的留言板。以此类推，每个好友都有自己

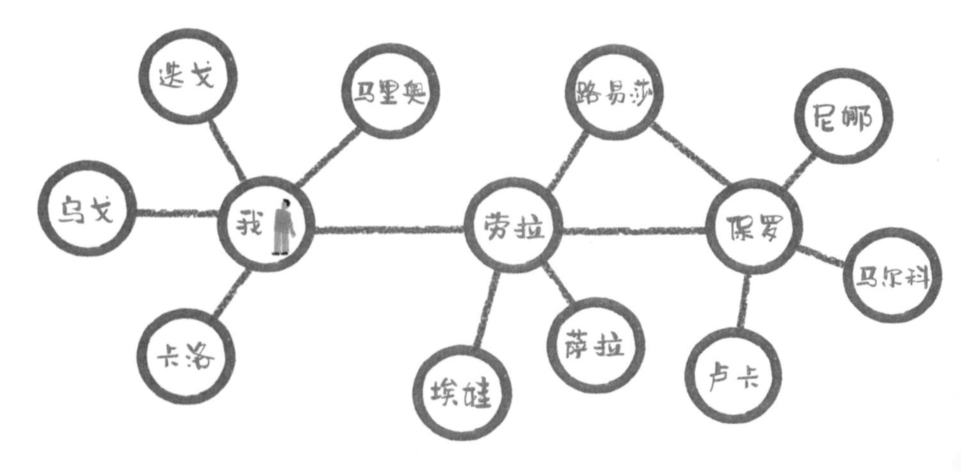

的留言板，都有一群可以查看留言板的好友。这个图还说明，我发的帖子可以通过两步传到保罗那里：我—劳拉，劳拉—保罗。所以，我与保罗之间的距离是 2，也就是说，连接我俩最少的线条个数是 2。

“这种图叫社交图谱，可以从网上下载，每个人都可以自行查看。它非常重要，可以很明确地反映出信息是如何在一群人中传播的。它是了解大众看法或购物偏好的窗口，也跟广告的投放息息相关。

“脸书注册用户的社交图谱非常让人惊叹，它密密麻麻，几乎完全覆盖了世界地图上的某些区域！

“说到世界，有一个关于信息流通的实验就很有意思，说是虽然地球上如今有 70 亿人口，但只需 6 步，信息就可以从一个人传达给地球上的任意一个人。也就是说，地球上人与人之间

的最大间隔度是 6，或者说距离是 6。2011 年，一些意大利电脑科学家甚至发现，90% 的人之间相隔不超过 4 步！地球真是个大家庭，这一点从图谱中可以看出来。

“对谷歌来说，图谱也非常重要，对于它的开发者更是一笔财富！两名大学生开发了谷歌搜索引擎，这个天才的想法正是建立在图谱之上。它是用一个数学公式确定一个数值，用来表示一个网站的重要性。正是这个叫作网页级别（PageRank，取自谷歌的创始人 Larry Page）的数值，简称 PR，可以决定网站在搜索引擎页面上出现的先后位置。尤其对一些商业网站来说，排名的位置显得非常关键，毕竟人们通常只浏览前两三页，而后面的内容就很少关注了。那么，这两位发明家究竟是怎么想的呢？

“他们是这样思考的：用一个网站举例，比如‘北极熊（orso polare）’。其他任何带有它的链接的网站，比如‘濒临灭绝的动物（animali in via di estinzione）’和‘远征北极（spedizione al polo nord）’，都会增加‘北极熊’的重要性。

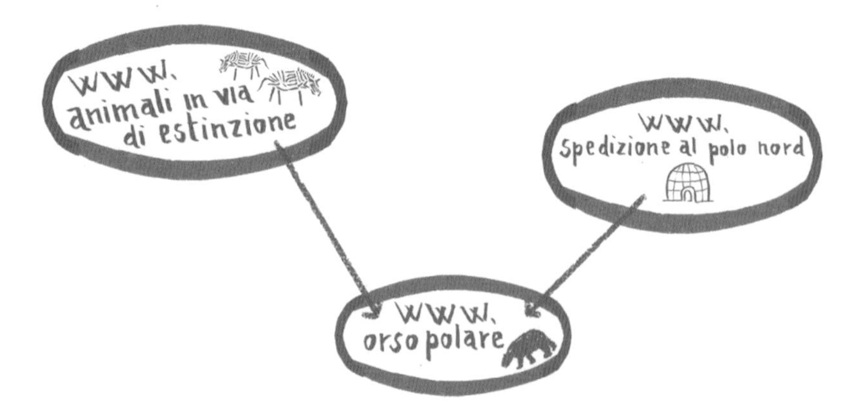

“看到了吗？在这个图上，连接中心点的线条带上了箭头，它们就像手指一样，指出了搜索的确切方向。

“但是谷歌的开发者认为，这两个网站赋予‘北极熊’的重要性并不相同。‘濒临灭绝的动物’对‘北极熊’来说并不那么重要，因为‘北极熊’只是它上面 9 个链接中的一个。而“远征北极”却不同，它只有 2 个链接。所以，在 PR 计算公式中，除了一个网站被引用的次数，还有引用它的网站的链接总数，比如例子中的 9 和 2。

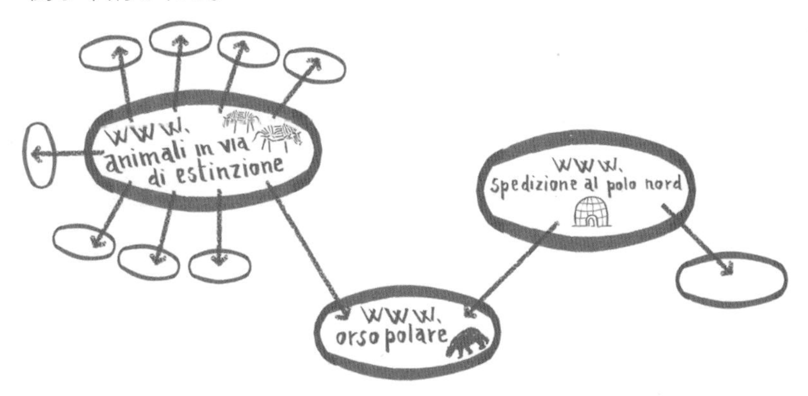

“这就是为什么在互联网搜索引擎中，图谱是最基本的元素，因为它表明了网站与网站之间的联系。正是包含着 PR 公式的算法，让今天的谷歌市值高达 2500 亿美元！价值超过一座金矿！”

太令人惊叹了！我只知道谷歌的创建者一开始想叫它古戈尔（googol）——这是个巨大无比的数字，它是 1 后面带着 100 个 0！后来，他们去注册时却把名字写错了，于是有了谷歌（Google）。第二天，他们意识到了这个错误，但为时已晚……不过，写错名字总比写错公式好！

难题 5

这个图可以用来描述前面讲到的地图涂色问题：用线条连接两个相邻国家的首都，这样一来每道线条两端的点，都需要涂上不同的颜色。

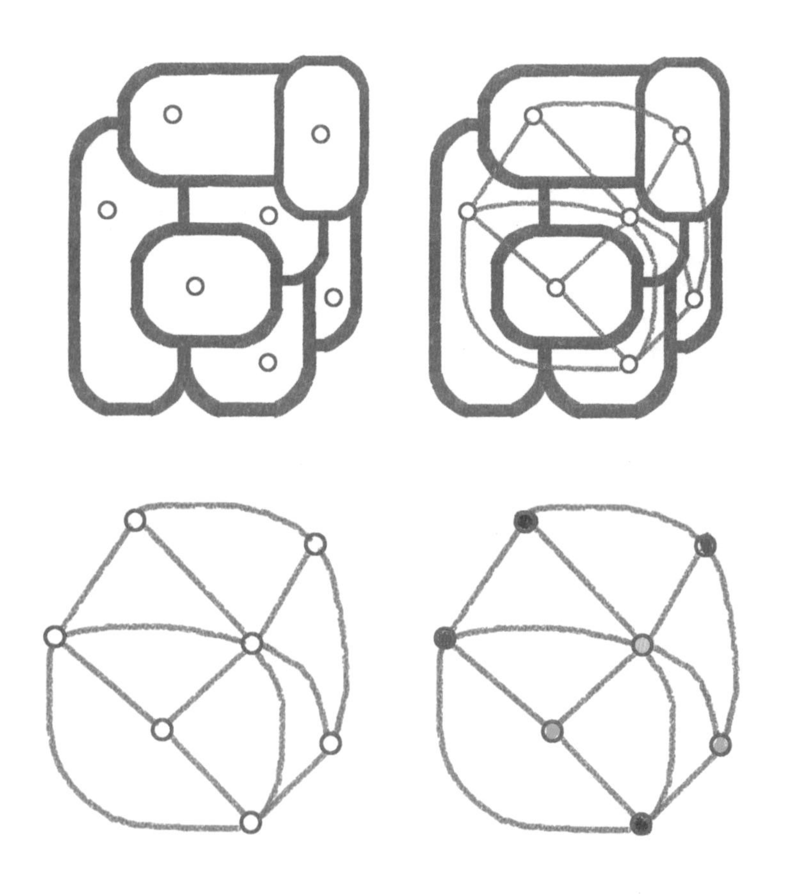

你来画一下意大利中部五个行政区的示意图吧。

机器人游戏

暑假里来学校挺好的！我们还看了一部电影，名字叫《2001太空漫游》。电影一开始，原始人类只是一群人猿，什么都不会做，只会为争抢食物吵来吵去。后来他们发现，原来凭借力量和智慧可以发明创造出很多东西，甚至是宇宙飞船和机器人。电影里有个场景特别棒，过去当作棍子使用的骨头被抛向空中，神奇地变成了一艘飞船，围绕地球飞行了起来。而且，电影配乐也棒极了！

等弟弟再大点，我希望他也能看一看这部电影，他肯定会喜欢的。

看完电影之后，达里奥让我们做了个机器人的游戏，这个机器人跟《2001 太空漫游》里的哈尔一模一样。“假设你们有一个机器人，它只能做下面四件事：

（1）要一个数字并把它放进一个抽屉里；

（2）判断两个数字哪个较大；

（3）把一个数字从一个抽屉移到另一个抽屉；

（4）退还一个数字。

其他的事它一概不会。而你们的任务是：给它下达指令，让它把 3 个数字从小到大排列起来。试一试吧。你们可以两人

一组，一个当机器人，另一个下达指令。”

我跟比安卡一组，我来当机器人。达里奥帮我们弄清了都需要哪些指令，比安卡就开始一个一个地下达起来：

比安卡下达指令	我当机器人并执行指令
要一个数字并把它放在盒子 A 里	我向比安卡要了一个数字，并把它写在一张纸上，放到了盒子 A 里 A
要一个数字并把它放在盒子 B 里	我向比安卡要了一个数字，并把它写在一张纸上，放到了盒子 B 里 B

要一个数字并把它放在盒子 C 里	我向比安卡要了一个数字，并把它写在一张纸上，放到了盒子 C 里  C
A 里的数字是否大于 B 里的？如果是，就把它们对调；如果不是，就保持原样	我看到，A 里是 15，而 B 里是 3，就把它们对调了过来 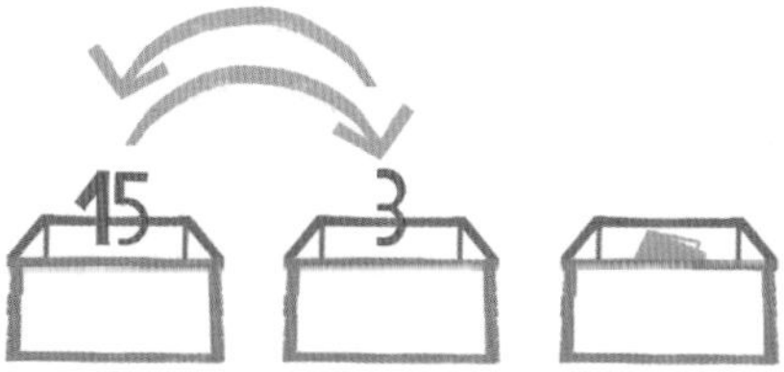 15 3 A B C
B 里的数字是否大于 C 里的？如果是，就把它们对调；如果不是，就保持原样	我看到，B 里是 15，而 C 里是 22，就没有对调  3 15 22 A B C
退还 A 里的数字，然后是 B 里的，最后是 C 里的	我依次退还了 3、15、22 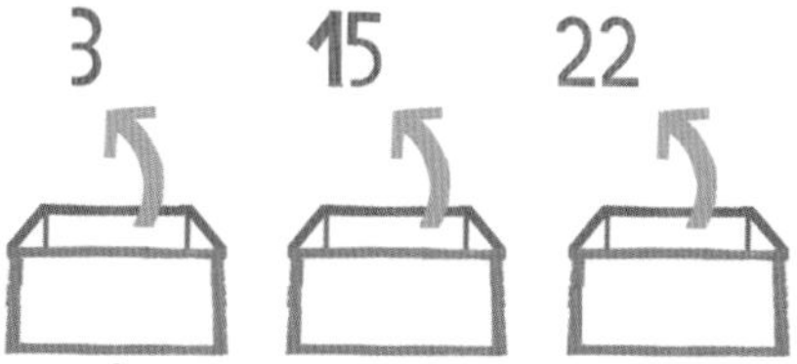 3 15 22 A B C

任务完成啦！不过，假装自己是机器人真是一点都不简单，因为你很想用头脑去思考，却只能听从命令。

“看见了吗，一个简单的3个数字排序问题需要多少指令？不过，机器人一旦学会这一系列指令，就可以给任意3个数字排序了！想想看，计算复杂公式、摄影、画几何图形，甚至上网、发邮件等复杂任务，电脑甚至需要多达几千万条指令才能完成。”

我真好奇电脑里都有什么，它能在那么短的时间里完成这么多事情！

难题 6

如果执行下面这个程序，机器人会退还什么？

（1）要一个数字并把它放在抽屉A里

（2）要一个数字并把它放在抽屉B里

（3）要一个数字并把它放在抽屉C里

（4）A里的数字是否大于B里的数字？

- 如果不是，就跳到指令（7）

（5）A里的数字是否大于C里的数字？

- 如果不是，就退还C里的数字并终止程序

（6）退还A里的数字并终止程序

（7）B里的数字是否大于C里的数字？

- 如果不是，就退还C里的数字并终止程序

（8）退还B里的数字

花园里的小路

这段时间，学校就好像我们的家一样。一些专家来给我们上课，一些哥哥姐姐教我们体育和音乐，而弗朗切斯科的奶奶来教选烹饪课的同学做馅饼。打扫卫生时，每个人都会搭把手。今天，轮到我们用机器清理花园道路上的杂草了。我们分成了两组：一组负责清理大花园，另一组去后面的小花园。

达里奥留在教室里给图书分类，我们刚要走出教室，他就布置了一道题："你们想想看，是不是有这样一条线路，当你们沿着这条线路清理时，能够只通过每条小路一次，而不会通过第二次。"

"这有什么难的？"我想，"只要用心就好了！"实际上却没有这么简单，清扫小花园的同学试了很多次，总会重复通过已经打扫过的小路。

而清扫大花园的同学却可以做到。

这可真是个谜……

“这可不是什么谜，也跟你是否用心没什么关系。”达里奥说，“这又是一个关于奇数偶数的问题！是一道数学问题！这一次我们依然可以用图来帮忙。下面两个图中的推导过程简单直接，把情况描述得很清楚，我们能看得很明白：

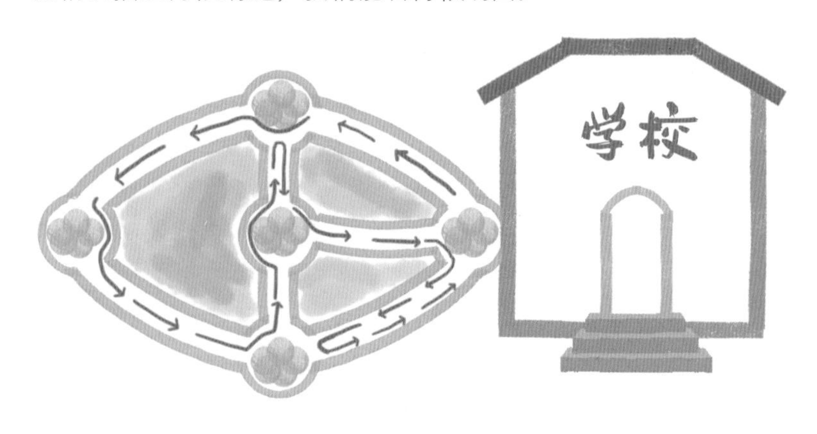

“你们看，大花园里的小路连接了 7 个节点，每一个节点都连着偶数条小路：有些连着 4 条，有些连着 2 条。看到了吗？正是因为连接着偶数条小路，才能确保从一个节点进出的时候，可以通过两条不同的小路：一条到达这个节点，另外一条从这里离

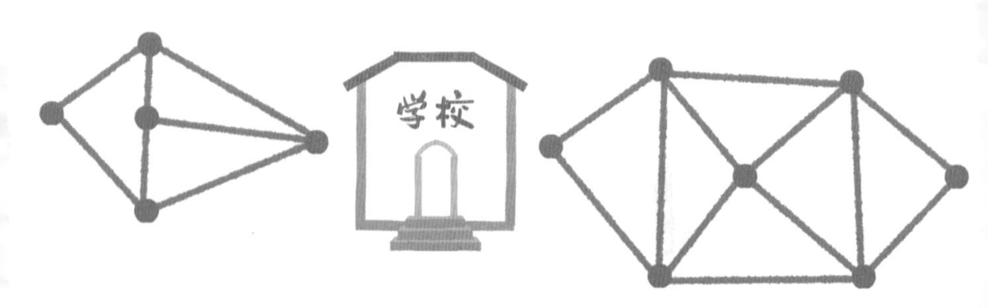

开。这就是为什么去大花园的同学能够不重复通过同一条小路！而后面的小花园，有 4 个节点连着 3 条小路，3 是奇数，所以去小花园的同学要重复通过已经清理过的小路。明白了吗？”

这一点都不难，只不过你要先明白下面这个问题……

“18 世纪，一位年轻的数学家（当时他还不到 30 岁）第一个做出了这个著名的推理，他的名字是莱昂哈德·欧拉。是俄国哥尼斯堡的居民向欧拉提出了这个问题。这个小城中心有很多座桥，连接着城市的各个部分。居民们不明白，为什么周日过桥散步的时候，没办法把所有的桥都走一次，而要重复通过其中的一座。

“欧拉第一个画出图来，明白这是一个关于奇数和偶数的问题：就像我们学校的小花园一样，城里的一些‘节点’连着奇数

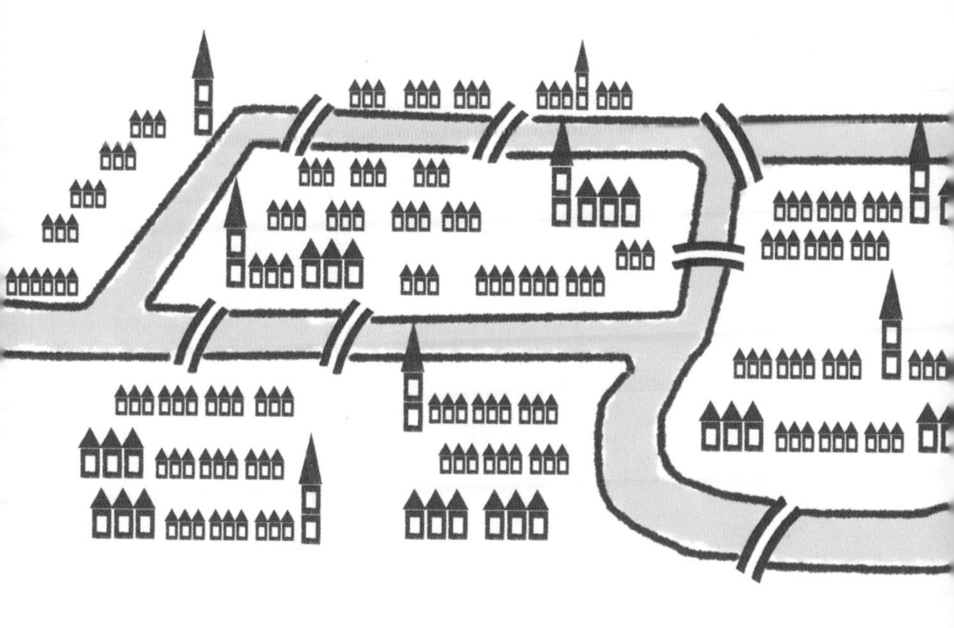

座桥，所以如果想要通过所有桥，就必须要通过某些桥两次，没有其他方法。欧拉不断简化再简化，把哥尼斯堡城区用图表示了出来。

“从那以后，人们把这种从一个点出发，通过所有的路径一次并回到起点的通路叫欧拉回路。我觉得，这真是对欧拉这位

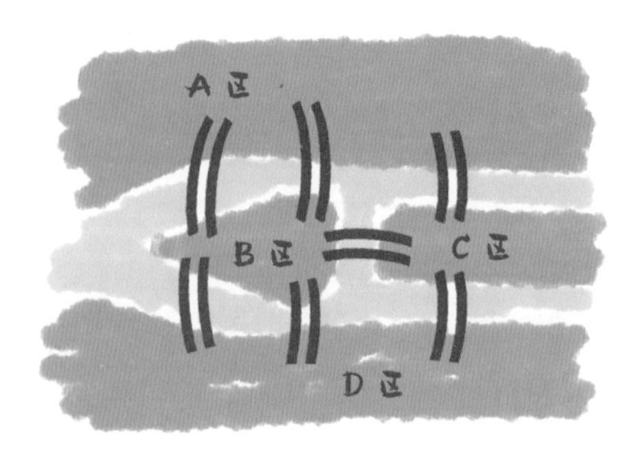

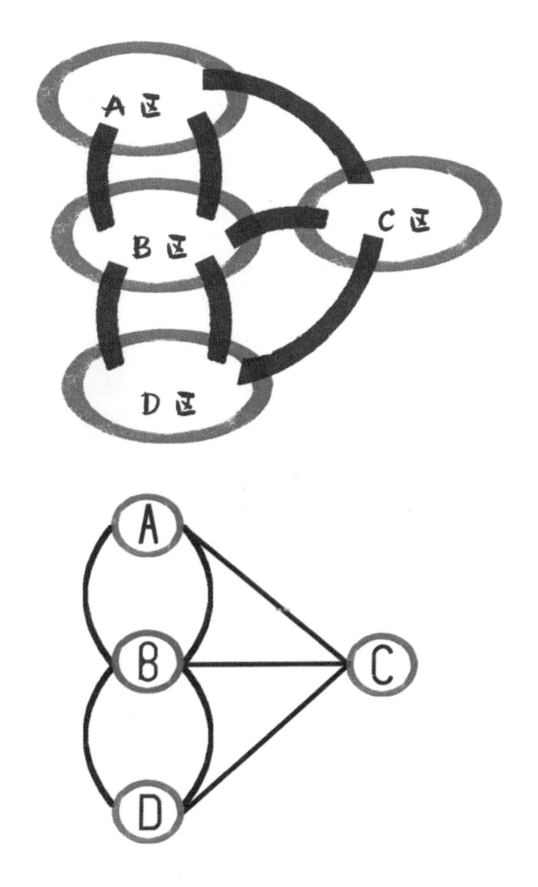

伟大数学家的高度认可。欧拉回路适用于很多情况，特别方便！想一想，如果你是一名邮递员，要走好多好多路……实际上，这个问题也叫邮递员问题。”

我觉得欧拉一点儿也不比阿尔·花剌子米差，他理所应当被人们熟知。他的名字还很容易记呢，不大可能被弄错！

我不由得想到了铲雪车，我住的城市冬天会下很大的雪。谁知道当它从车库里开出来铲雪时，是会走一个欧拉回路呢，还是必须要通过一条街道很多次？

难题 7

试着再给哥尼斯堡小城加几座桥吧，让那里的居民可以沿着欧拉回路散步。

清理垃圾箱

“要完成全部的清理工作，只清理小路上的杂草是不够的，还要把垃圾箱里的垃圾收集起来倒掉，再给垃圾箱更换垃圾袋。你们说对不对？”

于是，我跟比安卡一起去倒垃圾，其他人准备需要在课程结束后展示的墙报。这时，达里奥又出了道难题：“你们能不能一次走完一圈，把垃圾箱全部清理干净，而且没有在同一个垃圾箱前经过两次。”

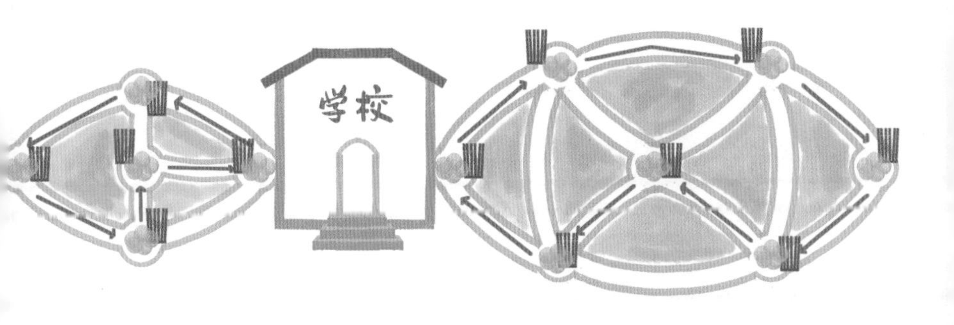

很幸运，我们成功了，连在小花园里也是！

达里奥称赞道：“很不错，你们走了一个哈密顿圈，就是这种经过所有节点，并且只经过每个节点一次的路线。哈密顿就是研究它的数学家。这个关于收集东西的问题一点都不傻，相反，货物的收集和交付是现今社会最重要的问题之一。连接装货点和卸货点的线路，可不一定总是让人只通过每个节点一次。你们看，这是我们这层楼的平面图，看到所有的教室了吗？从办公室出发给每个教室发通知的时候，就必须经过教室 B 或者 E 两次。

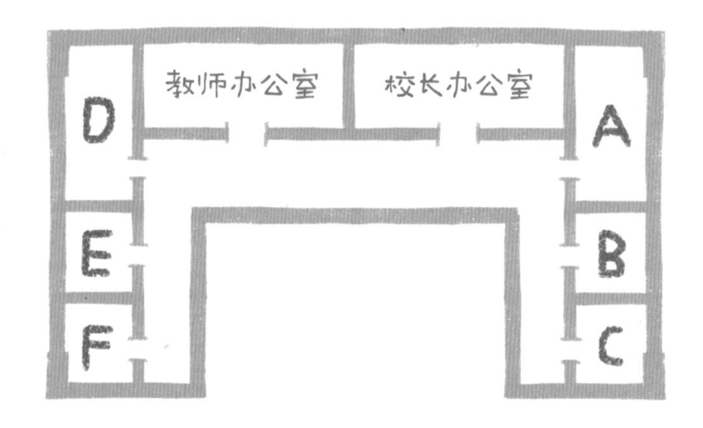

“而当你要选择总距离最短或者车辆最少，也就是最快的哈密顿圈的时候，问题就会更加凸显了。这些都是节省成本的基础因素。因此它也被称作流动推销员问题。

“还不仅仅是这些，在其他很多情况下，使用哈密顿圈可以降低成本，例如工业机器人路径规划。如果要用电钻在一些节点上拧上螺丝，螺丝的位置如下：

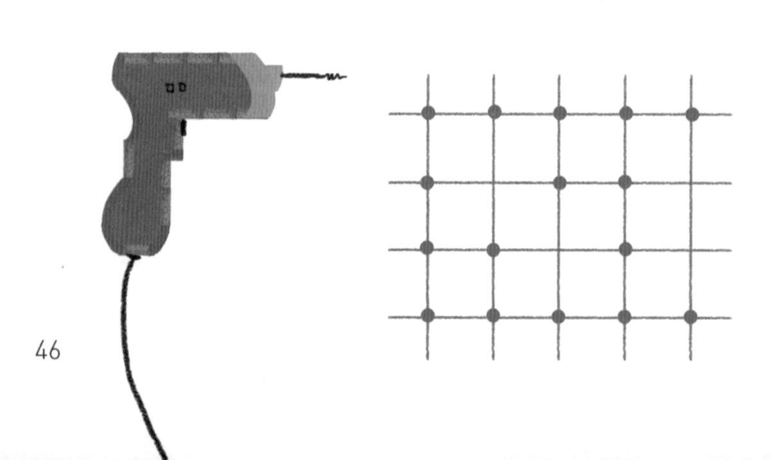

“这两条线路中哪条最经济，也就是最短呢？

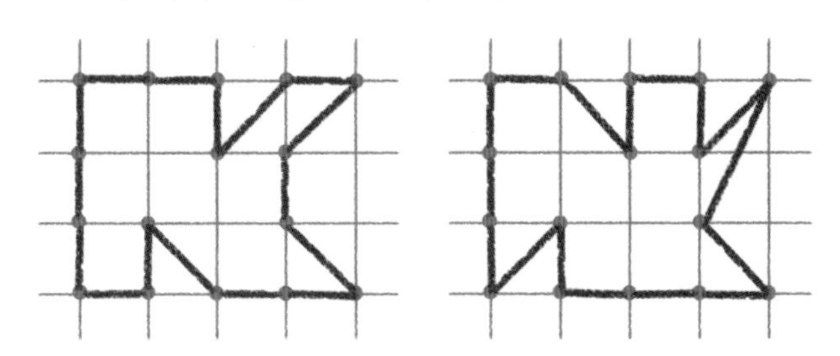

“好好思考一下清扫小路和清倒垃圾的任务。日常生活中有很多类似的情况：要么经过的路径很重要，要么要到达的节点很重要。面对这些情况，有两位朋友可以帮帮忙——欧拉和哈密顿。”

今天的家庭作业就是，沿着哈密顿圈经过下图中所有的点。这个图呢，正是哈密顿本人发明的！

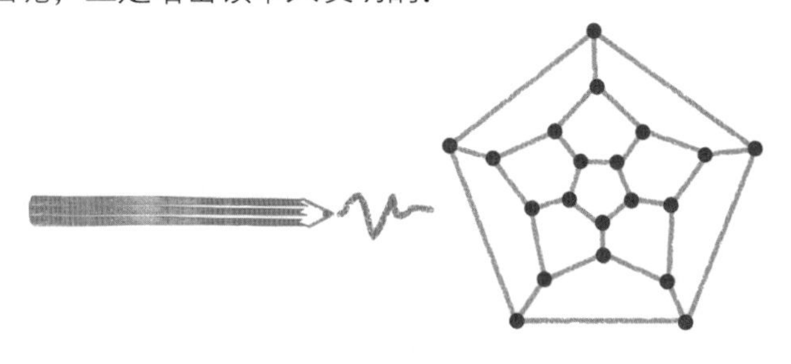

难题 8

我们要参观 A、B、C、D 这 4 个城市。游览它们的顺序可以有不同的安排：ABCD、ABDC、ACBD……总共有多少种安排方式呢？

再比如，如果 A、B、C、D 是 4 座发电站，要把它们用一个回路连接起来，那么一共有多少种连接方式？

用古老的工具解决现代的问题

马尔科和迭戈都有手机，但是不能带到学校来，因为学校禁止学生带手机。今天，他们想选个便宜的话费套餐，希望达里奥给出建议：是选择每分钟 10 欧分通话费外加每次 20 欧分接通费，还是选择每分钟 20 欧分通话费但没有接通费呢？

“问得好，”达里奥说，“现在的年轻人都会面临这个问题。而解决它的方法，却是四百年前的一个人想出来的，他创造了一个非凡的系统。他就是笛卡儿——勒内·笛卡儿，一位法国科学家。他创造的这个系统是一个非常重要的数学工具，在很多领域都大有用处。就好比电钻，它对木匠、水泥匠，甚至对牙医来说，都很有用。”

迭戈马上说道：“电钻可能是很有用，但我觉得它跟牙医的钻头一点也不像！”（迭戈特别不喜欢牙医，每周三他都要去看牙医。）

“你说得对，我们再换一个比方……好吧，我想到了另一个万能工具——铲子。如果是机械铲，它能铲起很多大石块，或者铲起一堆树叶；如果是勺子形状的小铲，它能舀起一小口巧克力酱。这样打比方能明白吗？”

然后，达里奥开始给我们讲这位法国科学家的故事。笛卡儿能发明出这么重要的工具，要感谢一只苍蝇。没错，他是个天才，一只苍蝇都能让他想出这么棒的一个主意！要是我看到苍蝇，只会想着马上赶走它。而我的狗狗云朵，会跑去追它。

笛卡儿碰到的事情是这样的：有一天，他躺在床上，眼睛一直盯着天花板思考（笛卡儿很喜欢思考，可以说他活着就是为了思考）。

突然，天花板上落下了一只苍蝇，一直在爬来爬去。笛卡儿想告诉另一间屋里的人，苍蝇是怎么爬动的，却没办法解释清楚。于是，他想到了利用天花板的四条边，来说明苍蝇离某条边是远还是近。最后，经过认真思考，他想出了设立坐标系的方法。坐标，就是可以让人了解一件东西在空间中位置的数。苍蝇的故事也许是真的，也许不是，但可以肯定的是，他设立的笛卡儿坐标系，真的非常有用！

我们把它画在了一张方格纸上。只需要画两条相互垂直的直线，然后在直线上标出正负数（数字按照从小到大的顺序排列），让两条直线在零的位置相交。

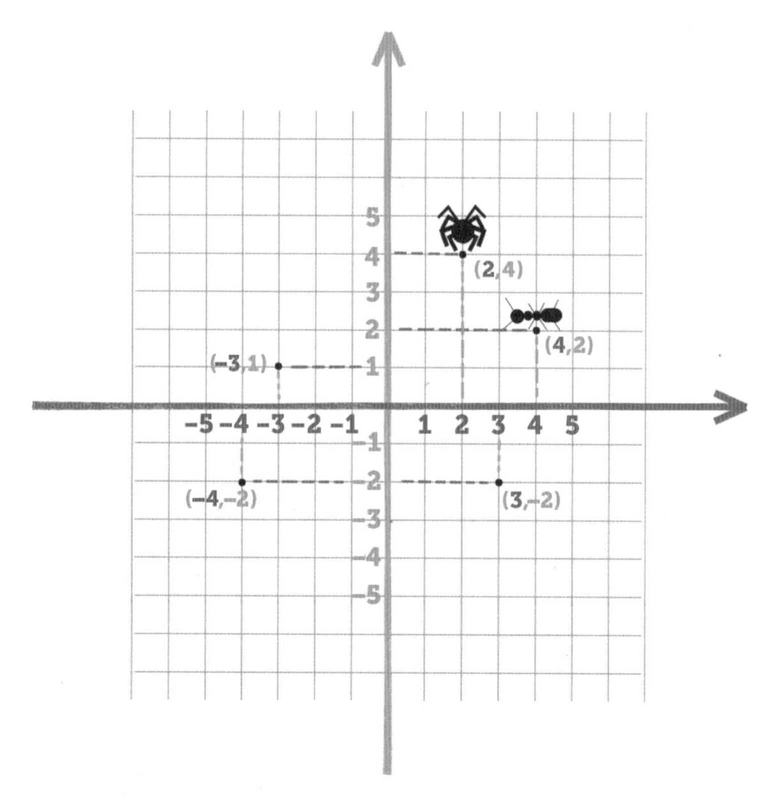

这样，每一个位置都对应着两个数字。应该注意的是，要先读横线方向我涂上了红色的数字，再读竖线方向我用绿色标示出来的数字。这是一条很重要的规则，不然别人就不知道你说的位置是蚂蚁的还是蜘蛛的，就会弄错啦！

表示平面上某个点的两个数字，有点像这个点的名和姓。不过数学家不这么叫，而是叫它们横坐标和纵坐标，并把所有点所在的平面叫作笛卡儿平面。

后来，达里奥又让我们思考一个问题："注意，如果苍蝇不是在飞，而是在一条绳子上爬，那么只需要一个数字就可以说明它的位置。我们就说它是一维的。

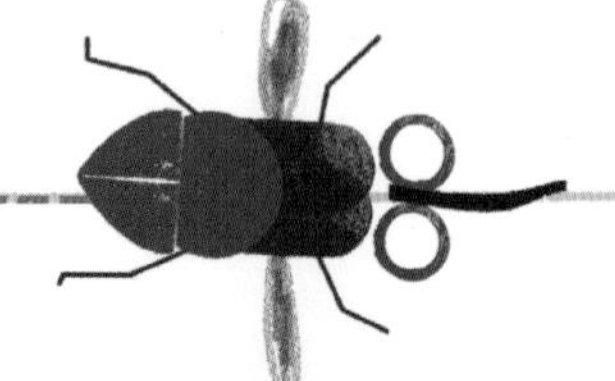

“如果它在地面或天花板上爬，这就需要两个数字来表示它所在的位置，也就是说它是二维的。

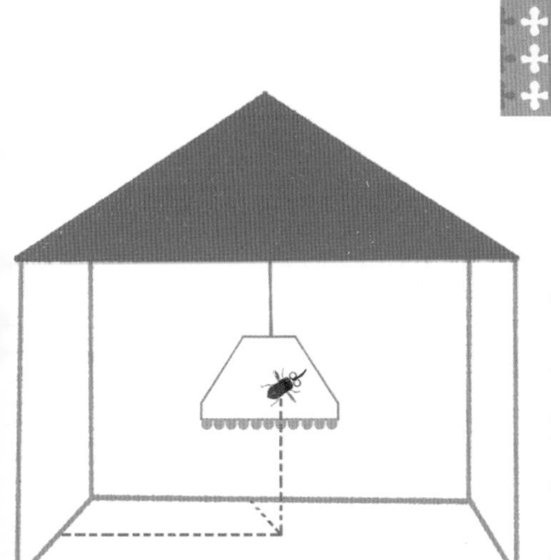

“如果它在屋子里飞，然后停在了吊灯上，这就需要用三个数字来说明它的位置。没错，我们还需要知道它距离地面的高度。也就是说，在空间中，它是三维的。

“这对地球上的任何生物都适用，最多需要三个数字，我们就可以说明生活空间中任何一个点的具体位置。所以，我们说我们的世界是三维的。这就是为什么仿真电影又叫 3D 电影；这也是为什么，当计算一个物体占据多少空间的时候，我们需要知道它的三维数据，比如它的长、宽和高。

“尽管起源于一只苍蝇，但是笛卡儿的这个想法非常重要，它帮助我们发明了一个适用于整个地球的定向系统。为了指出某个城市、某艘轮船或者某座高山的位置，地理学家用一个假想的网格包裹住地球。这些网格线就叫作经线和纬线，其中两条最主要的，是穿过格林尼治天文台旧址的经线和（最长的纬线）赤道。地球上的任何一点，只要知道它到这两条线所经过的度数，就能被精确定位。这两个度数分别叫作经度和纬度，虽然与笛卡儿平面上的叫法不同，不过作用是一样的。

“如果是在空中飞行的飞机或者在海面下航行的潜艇，就要再加上第三个数字：海拔高度。总而言之，依然是三个数字！”

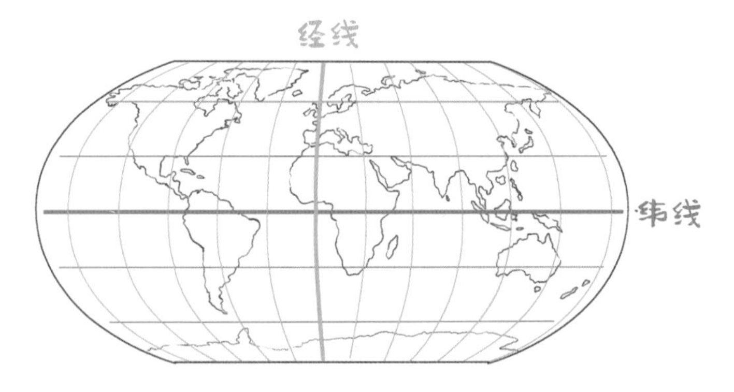

这些我都已经知道了。达里奥接着解释了什么是第四维度。这是一个适合大孩子的问题：“想一想，空管员不仅会给出飞机

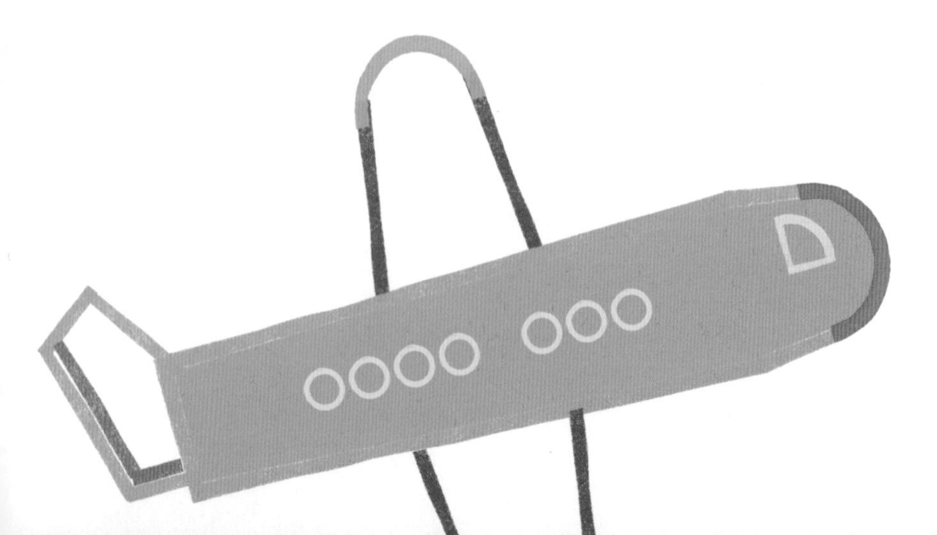

的纬度、经度和海拔这三个数字，还会告知飞机经过那个位置的时间。这样就会有 4 个数字，而不是 3 个。所以，物理学家经常说：‘物理的世界是四维的，对我们来说，除了位置之外，时间也很重要！’”

这时，马尔科和迭戈等不及要知道怎么选手机话费套餐了，达里奥让他们耐心点，因为关于笛卡儿系统，他还有一些其他的问题要讲。

我觉得我已经知道了其中的一个：很多人都喜欢玩的海战游戏，正是因为有了笛卡儿的主意，才被发明了出来。

有时候，我跟迭戈会在课间玩海战游戏。

难题 9

想要测量地球经线的长度？如果这个问题是公元前 3 世纪的人提出来的，那么对他来说真是一个挑战！

埃拉托色尼就提出了这个问题，他是阿基米德的好朋友，也是古埃及亚历山大城图书馆的馆长。他能够勇敢地面对挑战，多亏一个绝妙无比的想法——正是这个人类历史上最绝妙的想法之一，帮他赢得了这项挑战。与那个时代及其随后的几个世纪里大多数人的想法完全相反，埃拉托色尼确信地球是一个球体，而不是被海洋包围的平面。因此，他决定测量一下他所在地点的经线的长度。看起来这真是一件不可能完成的事情……

他唯一知道的，是亚历山大城和赛伊尼——这两个位于同一经线上的埃及城市之间的距离。也就是说，他只知道连接这两个城市的弧线的长度。

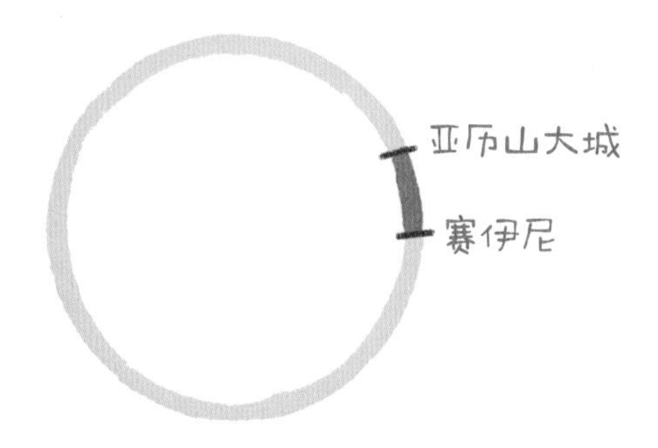

如果他能知道这个弧对应的是所在圆周的哪一个部分，占整个圆周的多大比例，那么通过简单的乘法，就能很容易地算出圆周的长度。该怎么做呢？下面就是他想出来的办法！埃拉托色尼很有可能画了类似的图，虽然没有按照比例来，但仍然可以帮助他弄清一个很重要的问题：α（阿尔法）角与 360° 角的比例，等于亚历山大城和赛伊尼间的弧线长与整个圆周长的比例。

但是怎么才能知道这个角度呢？他当然不可能跑到地心去测量，也不可能用两条边来创建这个角。最后，是太阳光启发了

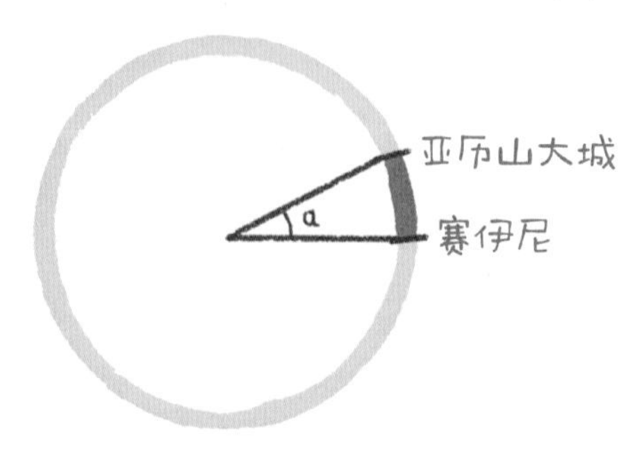

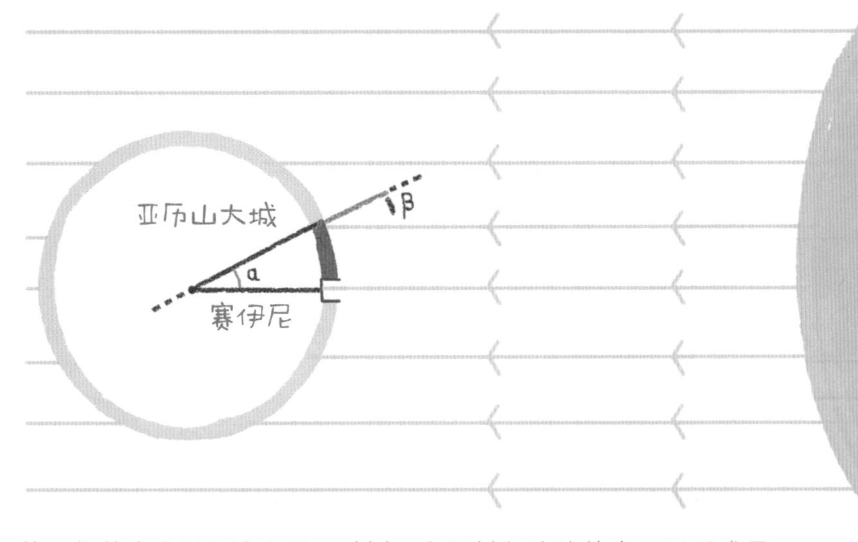

他，帮他走出了困境（同一时刻，太阳射向地球的光可以看成是平行的）。

他是这样做的：他到赛伊尼去，一直等到阳光垂直于地面的那一刻，也就是阳光可以直射到井中并照亮井底的那一刻。与此同时，他的合作者在亚历山大港测量了β（贝塔）角，这个角是由阳光与垂直于地面的木棍形成的。知道了β角有什么用呢？埃拉托色尼从另一位伟大的数学家泰勒斯的研究中得知，β角与α角的角度完全相同！所以，知道了β角的角度是7.2°，相当于360°角的1/50，他把亚历山大城和赛伊尼间的距离乘以50，就得到了整个圆周的长度！多么伟大的成就啊！他通过计算得知是39690千米，与精密仪器测得的40030千米几乎相差无几。虽然我并不知道他的合作者是怎样做到同时测量的。

这里插一句：埃拉托色尼被他同时代的人称作贝塔，因为他在涉及的各个科学领域中都排名第二，就像字母贝塔在希腊字母中排第二位，紧跟在阿尔法之后。但现在我们敢肯定，至少在地理学

领域，他绝对是个阿尔法！

埃拉托色尼发明的找到质数的方法——埃拉托色尼筛法，也让他名气越来越大。这种筛选方法能筛除所有其他的数字，只留下质数。

我们来举个例子：找出 150 以内所有的质数。我们先把 2—150 的全部自然数写在一张表中，然后筛除所有 2、3、5、7、11 的倍数，剩下的就是 150 以内所有的质数。这种方法可以用于任何表格，从数字 2 到数字 n，只要筛除所有平方不大于 n 的质数的倍数就行（除了它自身）。

试着找一找 200 以内其他的质数，看看哪些倍数是需要筛除的。

好多个维度

老师（有时候我们这么称呼达里奥）告诉我们，GPS 系统——开车的时候告诉你向左转向右转的系统，就是使用了笛卡儿的想法。然后他又告诉我们，数学家不接受物理学家发明的第四维度。他们觉得受到了物理学家的挑战，于是也加入了竞争。数学家说："如果所有的事物都能归结为一个有序的数列，那么在数学世界中，我们想要有多少个维度就能有多少个！"

"他们是怎么做的？"我们问。

"想一想你们的个人信息：出生年月日、身高、体重。这五个数字组成了一个序列，所以，每个小朋友就像是理想空间中的一个点，而这个点有 5 个维度。"

太神奇了！虽然有点难以理解，但我认为这是对的。大家都知道，数学家一直都生活在自己的抽象世界中，而在抽象的世界中，只要符合逻辑，一切都是可能的！

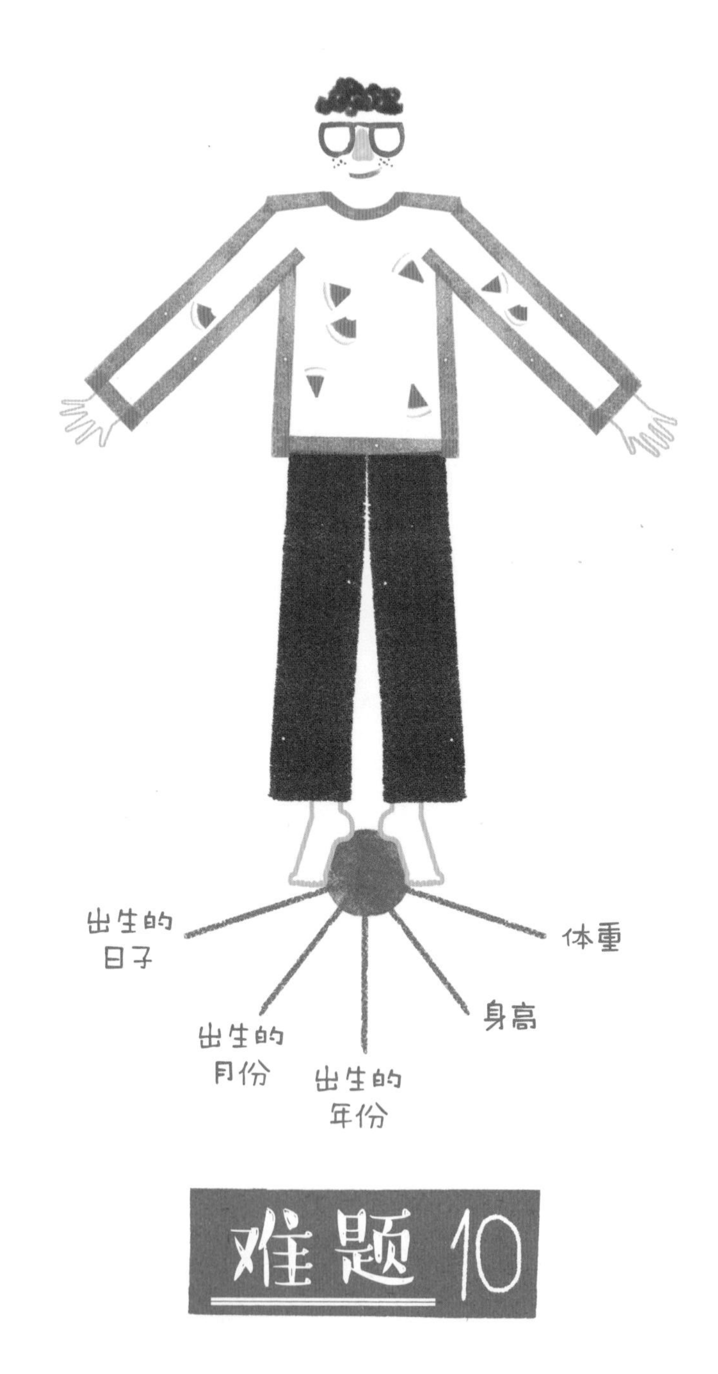

难题 10

创设一个有 6 个维度的空间吧。

选套餐

“现在终于可以回答马尔科和迭戈的手机话费套餐问题了！为了能够合理决定而非乱选一气，可以借助笛卡儿平面这个很重要的工具。”达里奥说道。

我们全都竖起耳朵听着，马尔科和迭戈已经有了手机，其他人很快也会有的。（爷爷奶奶向我保证，会在我生日的时候送我一部手机，希望如此吧……）

“我们先好好研究一下第一种计费方式，来列一个很简易的表格：

一通电话的费用

= 每分钟 10 欧分 × 通话时长 + 20 欧分接通费

“如果知道通话时长，通过一个简单的计算，就可以得出花了多少钱。

“来看一看通话 1 分钟、2 分钟……直到 5 分钟的情况。

通话时长 / 分钟	费用 / 欧分
1	30
2	40
3	50
4	60
5	70

“现在，看看这个图有多棒！你们看，对应通话时间－费用关系的这 5 个点，就像士兵一样笔直地排成了一条线。

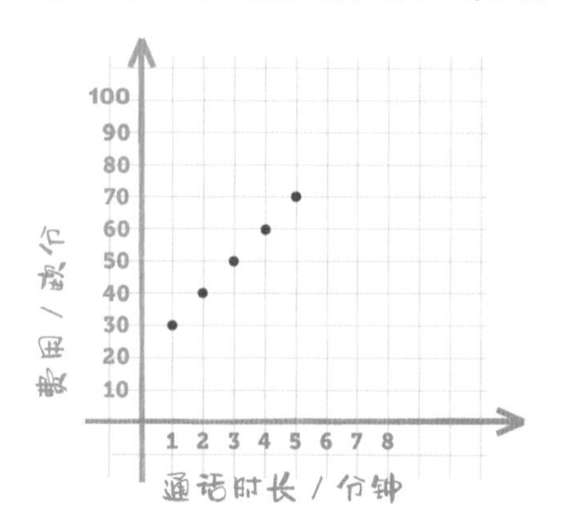

“这会让你想用直线把它们连起来！正因为这样，我们才有理由认为，其他对应通话时间－费用的点也都会出现在这条直线上，不是吗？

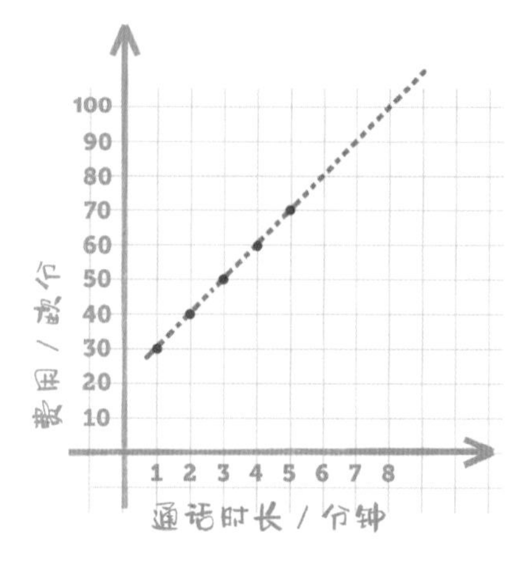

“现在不需要计算，就可以直接从图上读出结果，比如通话 8 分钟，就会花 100 欧分，也就是 1 欧元。这样做的好处是，我们只要把另外一种计费方式也在图上画出来，就很容易进行比较了：

一通电话的费用 = 每分钟 20 欧分 × 通话时长

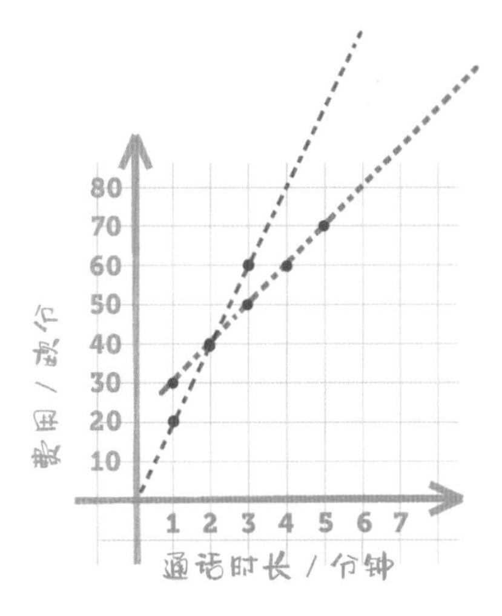

“看图很容易明白：如果马尔科和迭戈每次的通话时间一般少于 2 分钟，那么第二种计费方式更合适，因为这段时间里红色的线比棕色的线要低，话费比较少；而如果他们每次打电话通常超过 2 分钟，那么第一种计费方式更划算。”

笛卡儿平面真的可以帮助我们做决定。以自己的名字命名这个平面，笛卡儿真是实至名归。

“如果没有这个平面，”老师说，“连经济学研究也会困难重重。”

回到家，我们要试着弄明白，如果有另外一种话费套餐——每分钟 5 欧分加接通费 30 欧分，应该怎么选择。

能有机会事先研究一下这些话费套餐，其实挺好的。

如果打三通时长 1 分钟的电话，再打一通时长 6 分钟的电话，上文提到的这两个套餐哪个更合适？

海战游戏

今天只有六个同学来上课，老师刚进来，我们就说："笛卡儿平面我们已经明白了，可还没有玩过海战游戏，能不能玩一小会儿？"

老师同意了："好吧，那就组织一场比赛吧。"

我们要先分成几组，每个人都可以轮流跟其他所有人对战。一开始大家不太明白应该怎么分组，直到比安卡想到了下面这个示意图。

她用弧线连接了每场比赛中参赛的两个同学，这样算下来一共是 15 场比赛。

即：5 + 4 + 3 + 2 + 1 = 15

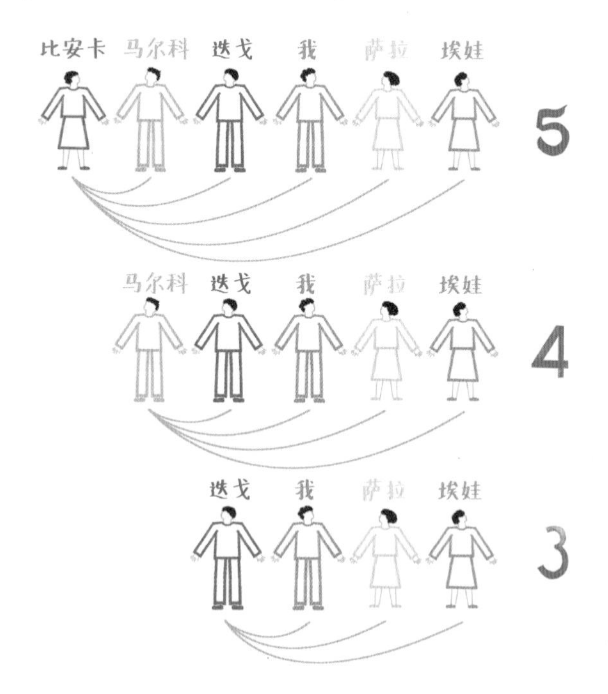

老师说："在开始之前，需要计算一下分配给每场比赛的时间，好在上午接下来的 3 个小时内完成所有比赛。"计算方式很简单。一共是 6 个人，能同时进行 3 场比赛，15 除以 3 得 5，一共有 5 轮比赛，我们就规定每轮半小时。所以用两个半小时，就能完成每个人跟其他所有人的对战了。

最后我排名第三，共击沉 3 艘帆船、4 艘巡洋舰和 2 艘远洋舰。我想把这个游戏教给弟弟，这样我俩就可以一起玩了……

快上完课的时候，足球迷迭戈感谢了老师，因为现在他在家里就能用同样的方式计算出，甲级联赛 20 支球队在一个赛季中一共要进行多少场比赛。我是橄榄球迷，我已经知道了六国锦标赛的比赛场数是 15 场，因为球队刚好有 6 支。希望今年意大利队不要得到颁给垫底球队的"木勺"奖。

难题 12

组织 6 个人玩一个 4 人游戏。问：一共需要多少场，才能轮到所有人？

高斯来帮忙

回家上楼梯的时候，我听见了云朵在叫。我一进楼门，它就能分辨出我的脚步声。如果我不使劲摸摸它、挠挠它的脖子，它根本不会停下来。我跟云朵在阳台上玩了一会儿，就回屋写作业去了。

甲级联赛总共有 20 支球队，如果用比安卡的方法，那么排列的方式一共有：

$$19+18+17+16+15+14+13+12+11+10+9+8+7+6+5+4+3+2+1$$

这个算式可真长……突然，我有了个主意！我想到了高斯，后来成为伟大数学家的那个男孩。高斯的老师布置了一道作业题：计算从 1 到 100 所有数字之和。他想到一个窍门，很快就得出了结果，让所有人都非常吃惊。我借用了高斯的方法，把这些数字按照相反的顺序在下面又写了一遍，并且心算出了上下两排对应数字的和：

19	18	17	16	15	14	13	12	11	10	9	8	7	6	5	4	3	2	1
1	2	3	4	5	6	7	8	9	10	11	12	13	14	15	16	17	18	19

这很简单，19 组数字相加的结果都是 20，所以它们加起来一共是 20×19 = 380。我知道这个得数是本应相加的数字之和的

2 倍，所以又把得数除以 2，得到了 $380 \div 2 = 190$。

这样，20 支球队一个赛季全部比下来一共要比赛 190 场，而又因为所有的球队都要进行主场和客场的比赛，所以一共有 190 场主场比赛和 190 场客场比赛。

明天，我要把高斯的方法告诉同学们，他们可能还不知道这个方法——说不定什么时候就能用上了呢。你也可以从网上查一查，只要输入高斯就行了（他是德国人）。

难题 13

在意大利足球甲级联赛里，需要多少个周日才能进行完所有的主场比赛？

公式诞生了

我在班里讲了高斯的方法，老师表扬了我。“看到了吗？有时候达到目的的方法并不是直接的：高斯把等于结果两倍的数字相加，感觉好像远离了目标，而实际上正是利用了这种方法，计算变得十分简单和快捷。用心记住它吧。现在我们把这种方法，转换为可以放进你们工具箱里的工具——变成一个可以直接使用的公式。”然后他画了下面这个图：

“看到蓝色的圆点了吗？是1 + 2 + 3 + 4 + 5。红色的呢？也是1 + 2 + 3 + 4 + 5。所以，它们加起来就是数字 1 到 5 之和的二倍。还记得吗？数字 1 到 5 的和也是当时你们算出的海战游戏比赛的总场次，即 15 场。

“一起看一看，利用这个图计算它们的和有多简单。长方形一共有 5 排，每排有 6 个圆点，这很容易得出总数：6×5=30，然后再除以 2，就是1 + 2 + 3 + 4 + 5 的和。

$$1 + 2 + 3 + 4 + 5 = 6 \times 5 \div 2 = 15$$

“最棒的是，这个方法真的很厉害，我们还可以用它计算1到6所有数字的总和，只要再加上一列就行：

“一共是6排7列，42个圆点，再除以2，就能得到1到6所有数字之和21。

$$1+2+3+4+5+6=7\times6\div2=21$$

“现在，既然已经明白是怎么一回事了，我们就可以进行总结性概括了：它不仅仅是针对某一个具体的数字，而是针对任意一个数——数学家把它记作 n，就像我们管任意一个人叫作某人一样。所以，用同样的方法可以得出数字 n 前面所有数字的总和：

$$1+2+3+\cdots+n=(n+1)\times n\div2$$

“这个就叫作公式，它仅仅是一个推导式，只有当我们解决实际问题时，才会代入具体的数据。”

我马上试了一下，看看它是不是适用于1+2，结果证明是适用的！

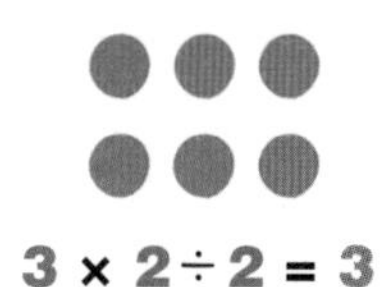

$$3\times2\div2=3$$

“我们知道，数学家很喜欢节省时间及空间，所以他们发明了一个特殊的符号来代表数字的总和——Σ。它是希腊字母 S 的大写字母，也是总和[1]一词的打头字母。要求 1 到 5 所有数字的总和，需要用另一个计数用的字母 i 帮忙，写作：

$$\sum_{i=1}^{5} i = 6 \times 5 \div 2$$

“等号左侧的式子读作：求所有 i 的和，i 等于从 1 到 5 的自然数。

“要概括性地求从 1 到任意数字 n 的总和，这个公式写作：

$$\sum_{i=1}^{n} i = (n+1) \times n \div 2$$

“等号左侧的式子读作：求所有 i 的和，i 等于从 1 到 n 的自然数。

“对没有跟着我们一起推导的人来说，这个公式看起来有点深奥，简直像古老的象形文字一样。实际上，数学经常让人感到害怕，也正是因为这些一眼看上去完全看不懂的符号。不要被这些符号吓倒，它们表达的概念通常要比看起来简单得多。而且不管怎么样，你一定会找到一个朋友，可以去随意问问题！”

我有不懂的问题时，就会问比安卡。有时候，我也会讲题给她听。长大以后，我还想跟她一起上大学。

① 总和在意大利语中是 somma，在英语中则是 sum，二者都是字母 S 打头。——译者注

难题 14

1 到数字 n 的乘积用符号 $n!$ 表示，读作“n 的阶乘”（因为一共有 n 个因子）。感叹号的意思是，它的数值随着 n 增加而增长的速度令人惊叹。这个乘积用希腊字母 Π 代表（相当于字母 P，也就是乘积[①]的打头字母）：

$$n! = \prod_{i=1}^{n} i$$

读作：n 的阶乘等于所有 i 的乘积，i 等于从 1 到 n 的自然数。与 1 到 n 的求和公式不同，乘积没有公式可以简化。

算一算从 1 到 10 所有数字的乘积和总和，再看一看计算它们分别所用的时间，你就会发现公式是多么有用！

① 乘积在意大利语中是 prodotto，在英语中是 product，二者都是字母 P 打头。——译者注

数字小山

“要计算一共有多少场比赛，还有一个更加方便的方法！”达里奥说道，“就是下面这座数字小山——塔尔塔利亚三角[①]。这是一座真正的矿山，通过它可以找到很多问题的解决方案，只要用力挖掘就可以了！”

1

1 1

1 2 1

1 3 3 1

1 4 6 4 1

1 5 10 10 5 1

首先，达里奥给我们讲了塔尔塔利亚的悲惨故事：塔尔塔利亚原本叫尼科洛·冯塔纳，生活在16世纪的布雷西亚。他小的时候，法军攻打布雷西亚，他被一名士兵一剑砍伤了脑袋，差点活不下来。他不能说话，最严重的是，还不能吃东西。他妈妈夜以继日地照顾他，直到他康复。可惜，伤愈后他变得脾气暴躁，很容易生气，而且留下了说话困难的后遗症。从此以后，人

① 在中国又称杨辉三角。——译者注

们都叫他塔尔塔利亚，就是说话结巴的人。他也这样自称，连签名都是：

塔尔塔利亚

塔尔塔利亚家境贫苦，没有办法上学。但他算数真的很厉害，所以他决定自学。他学得非常刻苦，后来成了一名伟大的数学家。

老师讲这个故事，是想让我们明白自己有多幸运，因为我们能在学校里读书（而最不幸的是，他被砍中了脑袋，伤到了嘴巴）。

塔尔塔利亚（我们也这么叫他）对自己取得的成绩特别自豪——他为此付出了太多的努力，所以他经常就一些难题向其他数学家发起挑战。竞赛是面向观众和对手公开进行的，他们当然不会真刀真枪地决斗，而是拿着写有问题的纸条，谁先解开谁就赢了。

老师也给我们出了道难题："你们知道，塔尔塔利亚写这个三角里的数字时，依照的是什么原则吗？"出乎老师的意料，贾达因为已经知道了塔尔塔利亚三角，就马上回答说，除了第一行和每行开头、结尾的数字 1 以外，每一个数字都是由紧挨着

它上面的左右两个数字相加得来的。

于是，我们接着写出了三角形的另外两行，知道它可以往下写下去，一直写下去，没有尽头。

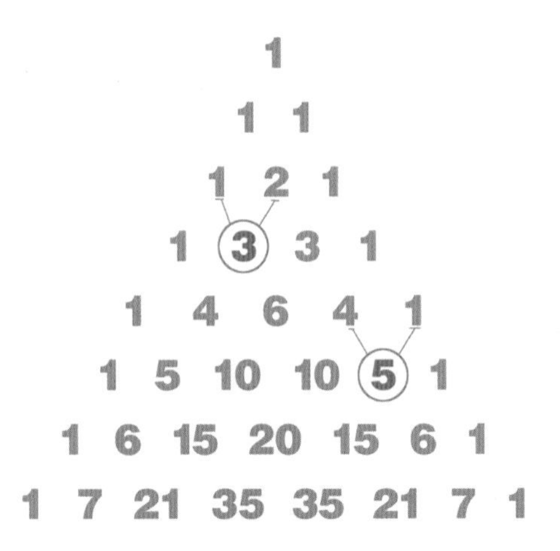

“现在，我们要看看一共会有多少场比赛。上次一共有 6 个人玩海战游戏，全部轮下来需要 15 场比赛。还记得吗？在下面这一行里可以找到这两个数：

1 6 15 20 15 6 1

“除数字 1 之外，这两个数分别排在这一行的第一和第二位。

“实际上每一行都是这样的！比如说，再往下一行，我可以读到有 7 个玩家，一共要进行 21 场比赛。是不是很方便？接下来的每一行都是如此：1 之后的第一个数字代表参加游戏的人数，第二个数字代表要进行的比赛场数。继续往下看第 20 行，我们会得到 190，这是 20 支球队要进行的比赛场数。”

自从听老师讲了这个故事，我们也开始发起数学挑战赛。我们的“武器”，也就是问题，放在讲台上的一个篮子里。每个人从篮子里抽出一道问题，用它来和对手展开对抗。

比安卡用这道题向我发出挑战：不画图的情况下，你知道八边形一共有多少条对角线吗？幸运的是，在问题的最下面有一行小字提示：试着把八边形的顶点想象成参加游戏的人，把连接它们的线段等同需要进行的比赛场次。需要注意的是，连接8个顶点的线段中，有8条是八边形的边，其余的才是它的对角线！

而我反击她的问题是：如果一周中有两天要去上英语课（周日除外），问一共有多少种不同的组合？答案是15种。在计算的时候要除去周日，这就等于6个人玩游戏，两人一组进行比赛。

难题 15

把塔尔塔利亚三角写成左边对齐的方式，如下图，你就能从中找到斐波那契数列：只要把每条线上的数字加在一起。请你画出其他的线，找到这个数列的前十个数字。

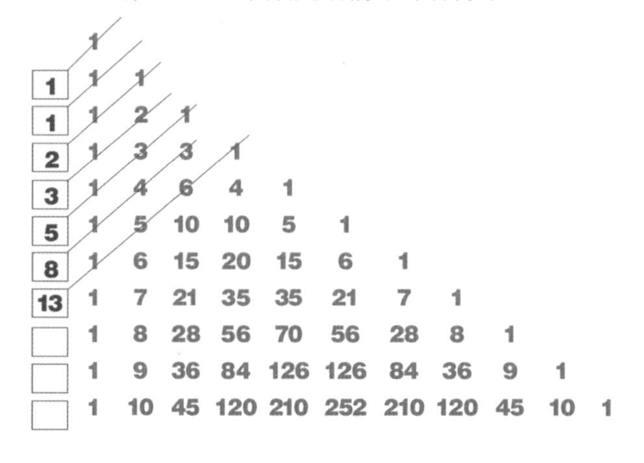

所有人都想要它

我以为只有小孩子会吵架，其实大人也会……达里奥给我们讲了这个不太友好的故事。“法国人把塔尔塔利亚三角叫帕斯卡三角形，声称这是他们的同胞帕斯卡研究出来的；德国人叫它施蒂费尔三角形，说是他们国家的施蒂费尔研究出来的……还有其他国家的人也认为这是自己的研究成果。为了避免争执，数学家们决定称它为算术三角形，这样所有人都不会再说什么了。其实，人们都想把功劳归于自己，这个想法是可以理解的，那些数字真的很特别，给我们带来了非常多的惊喜！大家可以试着把它们写在一个格子里。

“现在，把自己想象成一只小蚂蚁，站在它的角度去想：从顶点出发，到达下面任意一个节点，比如说 2，有 2 条不同的路径到达那里：黄色的和蓝色的。如果想要到达节点 3，有 3 条不

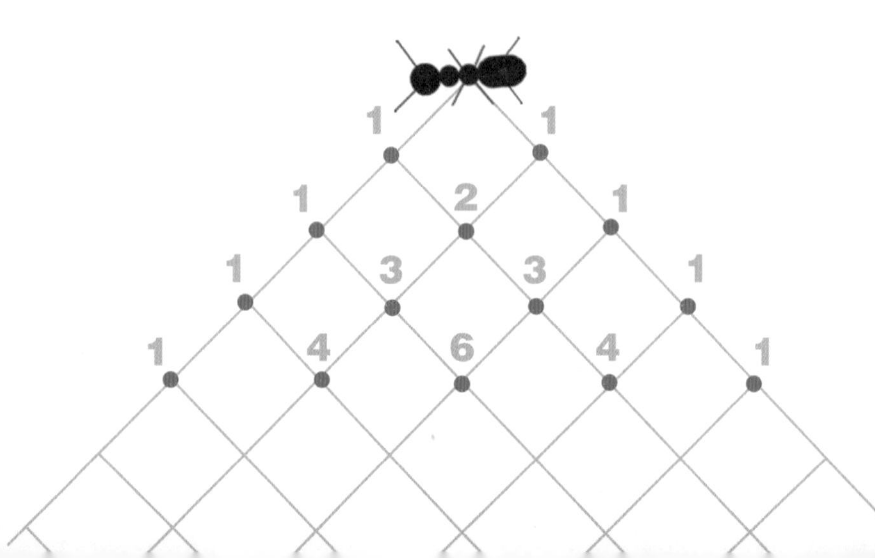

同的路径。这时，我们就会问：路径的数量跟数字相同，这难道是偶然吗？答案是否定的，这不是偶然。

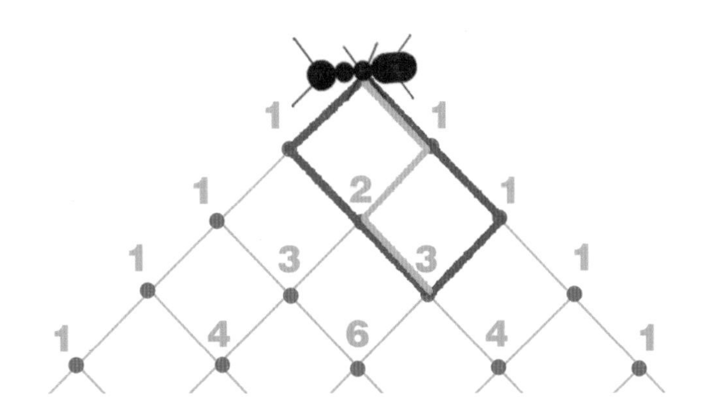

“事情总是这样：到达一个节点的路径的数量，与该节点上标注的数字相同。当然，这里指的是最直接的路径——让蚂蚁可以通过最少的网格到达目标点，而不是七拐八拐的路径。你们可以试一试怎么到达节点 6。

“不仅如此，每一行数字还向我们讲述了很多别的情况。比如：以 1 和 4 开头的这行数字，我们把 4 想象成 4 个一组的东西，比如说 4 个灯泡。

“这些灯泡，我可以一个都不点亮，或者只点亮其中一个——

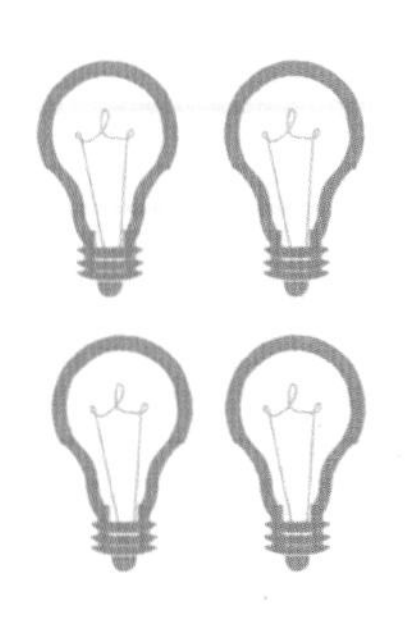

这种情况一共有 4 种可能性，或者点亮其中两个——这种情况一共有 6 种可能性，再或者点亮其中三个——这种情况一共有 4 种可能性。当然，我也可以四个全点亮——这种情况和一个都不点亮一样，都只有一种可能性。这样就可以解释这行数字 1、4、6、4、1 的意义了。

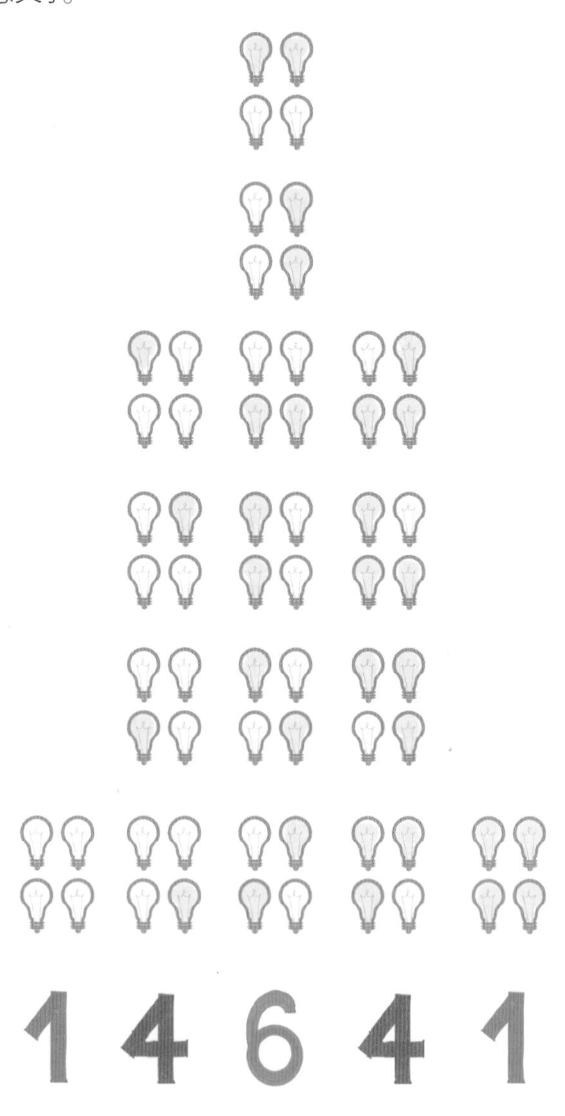

“把这些数字加起来，得到 16，我们就知道，这一组 4 个灯泡，一共有 16 种不同的开关组合。

“除了灯泡以外，我们还可以把它想象成由 4 个对象组成的其他任何集合。而这行数字代表了选取它的子集的各种方式：从一个元素都不选，到选择全部的元素。再举个例子，如果有 4 部电影，我可以一部都不看，也可以看其中的一部、两部、三部，或者全部都看完，这些就是它的各个子集。所以这里一共也有 16 种可能性。

“你们能看出这两个例子相似的地方吗？这才是数学家真正的工作：从现实中找到完全不同的情况，并用同一种模式去描述分析。你们还能想到别的例子吗？”

我们开动脑筋思考着。弗朗切斯科举起了手，说出了这个例子：“姐姐有 4 款电脑游戏，她能用几种方式把它们送给我？”

虽然不知道他会不会真的收到电脑游戏的礼物，但是他马上得到了达里奥的表扬：“很好，弗朗切斯科！这是一个非常好的例子。”

回家后，我也会想出一些好例子来的。

下面每行数字的总和都是 2 的幂①。

$$1 = 1$$
$$1 + 1 = 2$$
$$1 + 2 + 1 = 4$$
$$1 + 3 + 3 + 1 = 8$$
$$1 + 4 + 6 + 4 + 1 = 16$$

要如何解释，当集合中的元素加 1 时，它的子集数量会增加一倍？

①幂表示乘方运算的结果。——编者注

灯泡和二进制

“关于 4 个灯泡以及 16 种开关的方式，我还想利用它们教一下计算机里使用的数字。把 4 个灯泡排成一排，并赋予每个灯泡一个数值：从右边开始数，第一个等于 1，第二个等于 2，第三、第四个分别等于 4 和 8；如果灯泡是亮着的，就可以得到相应的数值；如果是熄灭的就等于 0。明白吗？

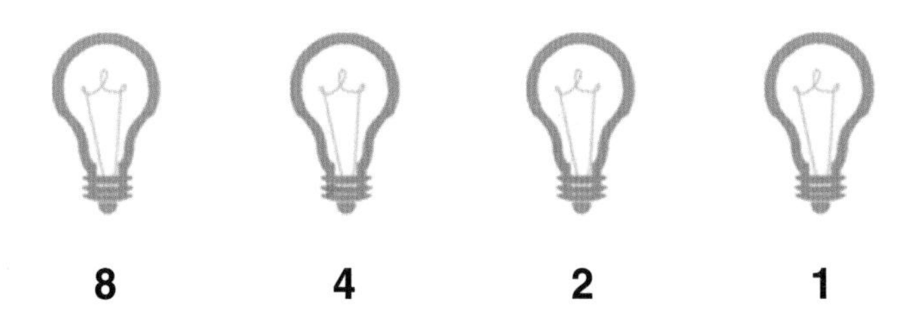

“比如说，下面这排灯泡数值等于 5，因为从右边数第一个和第三个是亮着的。

“下面表示出了4个灯泡代表的从0到15，16个数值。

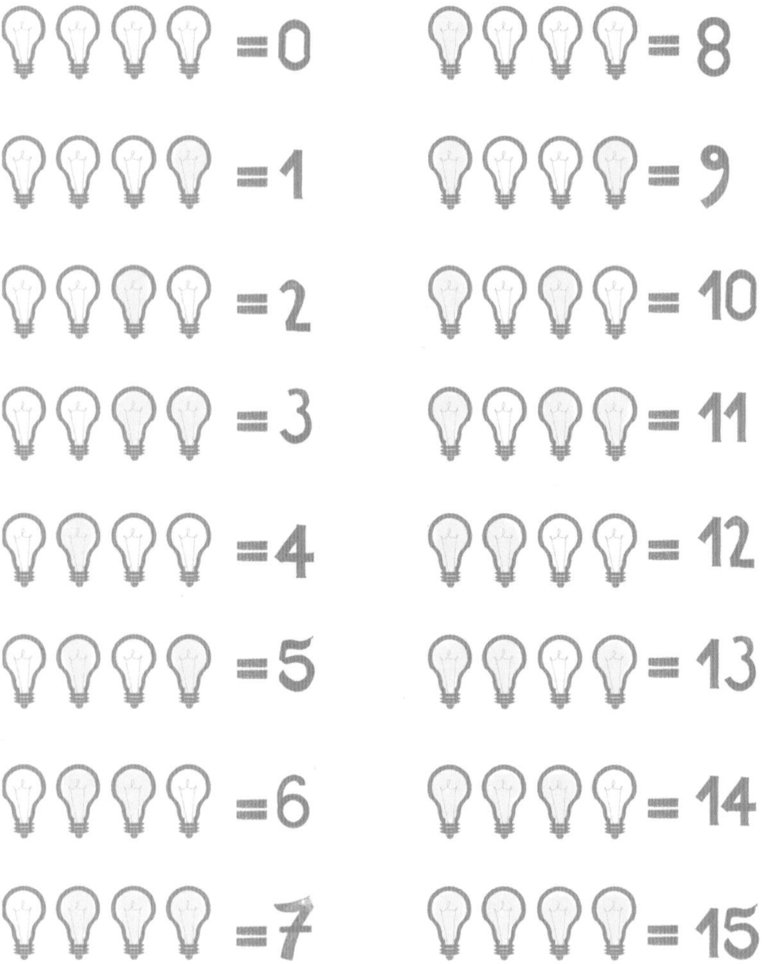

=0

=1

=2

=3

=4

=5

=6

=7

=8

=9

=10

=11

=12

=13

=14

=15

“现在，如果把灯泡换成两个数字，用0代表熄灭的灯泡，用1代表亮着的灯泡，我们就得到了计算机使用的前16个数字！

“这被称作二进制，因为它只用到2个数字，而不像通常

0000 = 0	1000 = 8
0001 = 1	1001 = 9
0010 = 2	1010 = 10
0011 = 3	1011 = 11
0100 = 4	1100 = 12
0101 = 5	1101 = 13
0110 = 6	1110 = 14
0111 = 7	1111 = 15

的记数法那样有 10 个数——我们的记数法因此被称作十进制。而跟十进制一样的是，二进制中数字的值也取决于它所在的数位[1]，这就是为什么这两种记数法都被称为位值制记数法。它们的区别在于，在十进制里，数位的值都是 10 的幂，而在二进制里都是 2 的幂。

“十进制中数位的值：

“在二进制中，每一位数都叫作比特（bit），是二进制数字（binary digit）的缩写，它是最小的信息单位，可以等于 0 或 1，

①数位，指一个数中每个数字所占的位置。——编者注

就好比同一个灯泡可以熄灭或点亮一样。”

“老师，”迭戈问道，“它读作‘比特’还是‘百特’？”

“比特。读作‘百特’的词写作 byte，意思是字节，它代表 8 个比特；就像有 8 个灯泡，它就是一个有 8 位的二进制数字。一个字节表示的二进制数字有 2^8（= 256）个，即从 0 到 255。

“计算机的存储能力是用字节来衡量的，也就是它拥有多少个字节。字节的常用倍数有千字节（KB），等于一千个字节；兆字节（MB），等于一百万个字节；吉字节（GB），等于十亿个字节；以及太字节（TB），等于万亿字节。”①

我终于搞明白每次去电脑商店时听到的那些奇奇怪怪的词了。

难题 17

二进制数字 11001、10111、10101 和 101111 分别等于十进制中的多少呢？记住，从右边数第五位的数位值是 16，是 8 的二倍，同样，再往左一位，也是它右边一位的数位值的二倍。那么，256 的二进制数字该怎么写呢？

①以上存储单位的关系为 1KB = 1024B = 2^{10}B，1MB = 1024KB = 2^{20}B，1GB = 1024MB = 2^{30}B，1TB = 1024GB = 2^{40}B。——编者注

橄榄球得分的秘密

我很擅长橄榄球，跟我一起训练的安德烈亚也这么说。我的长处是射门，实际上每次达阵得分后，都是我来追加射门的。射门最难的是选择地点，因为你需要在短短一分钟之内做决定。安德烈亚认为，我的腿部力量其实没有多大，但我选择的射门地点很好。

得分规则是：进攻球员攻入对方达阵线后的得分区内，用手持球触地即可得分（我把得分的点用字母 M 表示）。

达阵可以得 5 分（当然还有掌声）。要再得 2 分，就要把球踢进两根球门柱之间。不能随随便便选一个点射门，那样就太简单了。你只站在球门前踢，那是不行的，规则是：球必须沿着下页图中的黄线放置，而黄线垂直于达阵线并相交在 M 点。那么，应该选择黄线上的哪个点来踢球呢？

在训练的时候，我跟迭戈反复尝试了好多次，最后发现：如果太靠近达阵线，球与球门的角度太小，球很可能进不去；如果离达阵线太远，也就意味着离球门太远，很可能没有足够的力量把球踢进球门。

唉，真的不知该怎么选……达里奥会有什么好建议吗?

“太棒了，我的冠军们! 你们是橄榄球冠军和思考冠军。疑问正是学问的灵魂，是获得新发现的动力。从产生疑问到提出问题，再到做出思考，最后才能得到正确的答案。我觉得你们有成为数学家的潜能，继续努力吧!”

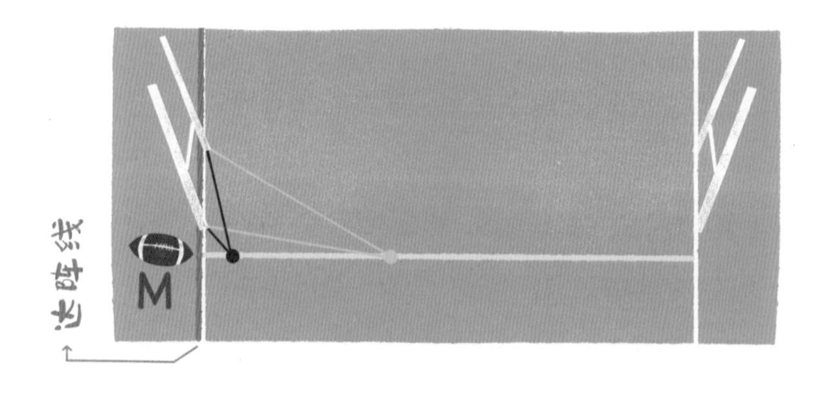

迭戈神气十足地看着我，也许他也没想到会被老师这样称赞……

“通过思考和尝试，你们找到了影响射门的两个因素：射门的角度和到球门的距离。角度影响射门的准确性，而距离决定着射门的力量，这是第一步。接下来，如何选择就取决于球员的特点：他是擅长射门还是腿部力量强大？现在我可以告诉你们，黄线上的哪个点可以保证射门的角度最大：

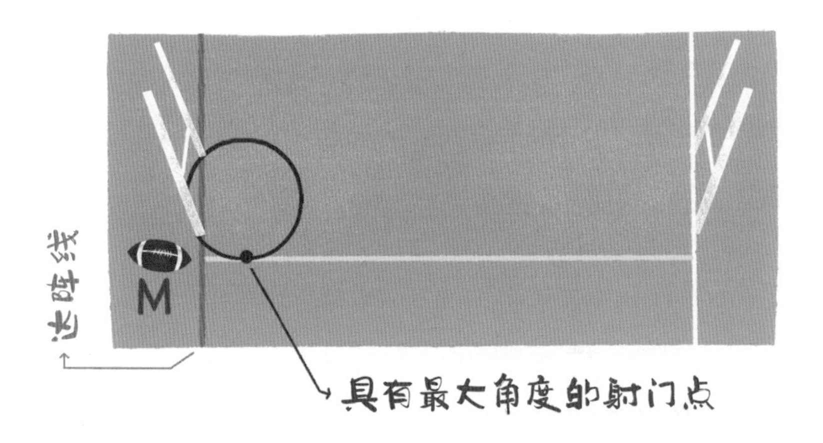

“这个点在通过两个球门柱的底端，并与黄线相切的圆周上。当然，要在比赛现场找到它很难，因为你们只能用眼睛去测量，而且选择的时间只有短短一分钟。所以，我建议你们训练时多加练习。”

下午我们就去球场练习。比安卡也来了，希望她会喜欢这项运动。如果她喜欢，我们就能组建女子橄榄球队了！

难题 18

角 ACB 和角 $AC'B$ 分别是圆心角和圆周角，它们都是弧 AB 对应的角。有条定理告诉我们，角 $AC'B$ 是角 ACB 的一半。

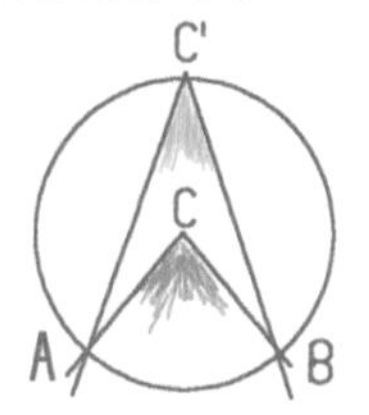

当顶点 C' 在圆周上的位置发生变化时，这条定理同样适用于其他的角。

如果通过 A、B 的圆的半径变大，则通过 C 点的圆心角就会变小，对应的圆周角也会变小。这就是为什么通过点 P' 和点 P'' 的射门角度（这两个角的角度相同）会小于通过 P 的角。

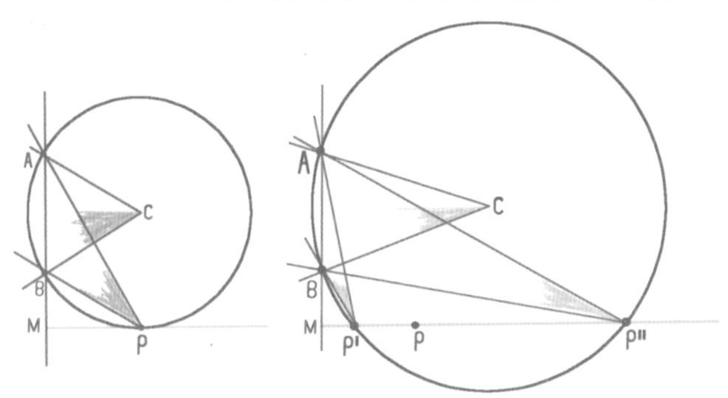

那么，射门最佳的点集中在哪条线段上？如果通过球门柱的圆周半径减小，又会发生什么？

密码①

课程结束时会有个寻宝游戏，由马尔塔、伊雷妮和马尔科负责。他们想在游戏中使用密码，所以到我们班里请教达里奥。达里奥告诉我们，他还在上学时，为了准备拉丁语考试，发明了一个很强大的密码。《2001 太空漫游》里的机器人哈尔给了他灵感——哈尔的名字 HAL 是个代号，暗指国际商用机器公司 IBM。实际上，这部电影的导演想要向 IBM 公司致敬，但为了避免做广告的嫌疑，他不想直接使用这个名字，于是想到了这种加密方法——让字母表里的每一个字母都向右移了一位：

ABCDEFGHILMNOPQRSTUVZ

ZABCDEFGHILMNOPQRSTUV

这样，字母 I 对应字母 H，B 对应 A，M 对应 L，于是 IMB 就变成了 HAL。

真是太聪明了！不过，这个主意也是导演从别人那里借鉴的。

①这里要注意区分：从密码学角度来说，我们平常所说的“密码”并不是文中的密码（code），而是口令（password），如各种账户的登录“密码”。——编者注

第一个使用这个方法的人不是别人，正是恺撒大帝，他以此来向在高卢的副官发送秘密文件（没准还是发给他的爱人克娄巴特拉）。唯一的区别是，恺撒把字母向左错开了3位。

其实，不管向左还是向右移动几位，只要发送人和接收人都知道这个秘密就行。这就是密码：一把用来解开谜团的钥匙！

为了选择一个密码，马尔塔、伊雷妮和马尔科开始私下讨论起来。选完后，他们又和达里奥一起藏好密码，还编了一道谜题：密码是一个数字，作为奖励，它被翻了倍，却因为骄傲自大，被减去了等于一只手手指的数字。这时，它对着镜子，看到自己变成了小弟弟的样子，而它的弟弟就是数轴上在它前面一位的数字。

马尔塔、伊雷妮和马尔科一离开，我们就请求达里奥把密码透露给我们，但他是个正直的人，不愿意这么做。他只是帮忙做了一个很棒的转盘，方便我们用来隐藏我们的小秘密。

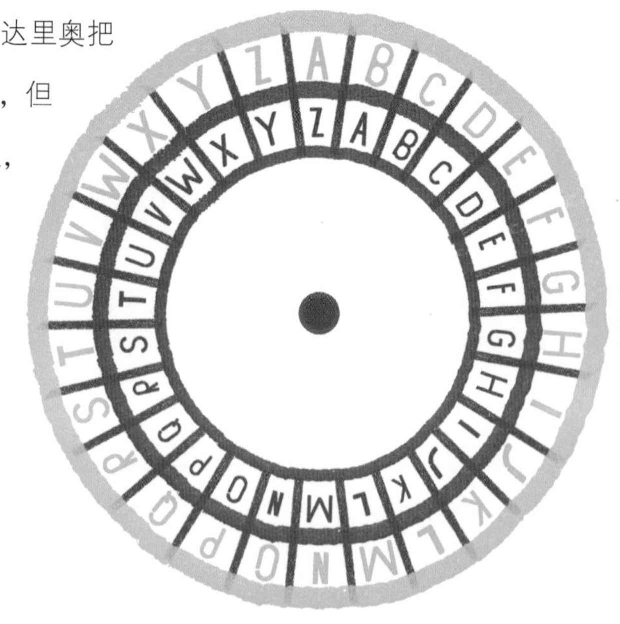

这样一来，

按照密码所示转动外图的圆环，就可以很快读出内圈圆环上对应的字母。“你们可要小心哟，”达里奥说，“别在数学老师面前显摆，肯定会被揭穿的。”

“怎么会呢？他又不知道我们转了几位……”

“别忘了，数学家有千百种武器，肯定能找出一种来揭穿你们！这一次，他使用的武器叫作频率！它的原理是：在每种语言的书面文字中，字母表中每个字母出现的频率不同。比如在意大利语中，出现最多的是字母 E，它平均出现的频率是 11.8%。其次是字母 A、I、O、N……

“那么，想要破译文本，解密专家会做什么呢？他们会计算文章里每个字母出现的频率，把出现最多的字母对应上 E，再一点点地依次找到对应 A、I 等的字母。一番尝试之后，就能找到密码了。当然了，只有文章足够长时，这种方法才管用。”

“太可惜了，我们的转盘那么棒……”

“不要泄气呀！解密专家和加密专家之间的斗争是永远不会停止的。加密专家又是如何见招拆招、克制‘频率’这个武器的呢？方法是：他们又增加了一圈转盘，这样就有两个不同的可以交替使用的密钥，一个用在需要加密文章里的奇数字母上，另一个用在偶数字母上。所以，同一个字母根据所在位置的不同，就会通过两种不同的方式被加密，‘频率’武器也就没了用处。

“而下面这行信息，就是经过两个圆环转换过来的：

BKCEBA RAFNDPN

“如果不知道这两个密码，真的很难解开。”

后来达里奥还是向我们透露了密码——1 和 4，于是我们把转盘转到了相应的位置。

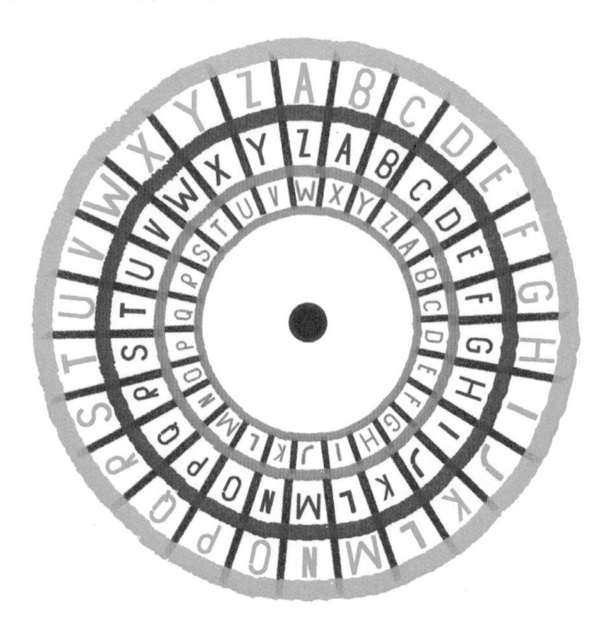

这就很简单了，它写的是：

CODICE SEGRETO（密码）

寻宝游戏的密码是什么？

保持警惕!

游戏很好玩，有些人却被它毁掉了。对他们来说，游戏不再单单是游戏，而是成了一种病。达里奥希望我们提高警惕，他解释说并不是所有游戏都是这样的。

有些游戏靠脑力，谁最聪明谁就会赢，有些靠运气，还有些既靠脑力又靠运气。国际象棋和跳棋就是靠脑力，掷色子就是靠运气，牌类游戏既靠脑力也靠运气。而那些让人“生病上瘾”的游戏，总让人觉得“我早晚会赢”。那么，怎样才能保持警惕呢?

达里奥拿了两个小球，一个红色一个黑色，放进一个杯子里。接着他看也不看，就把手伸到杯中，问道:“我会抽到什么颜色的小球呢?”我们可不会上当，因为我们知道这是无法预测的，是随机的……

“很好。正因为这是无法预测的，而且也没有理由认为，两个球中的一个会比另一个更有优势，我们可以把信心一分为二，有1/2的信心会抽到红球，同样有1/2

的信心会抽到黑球。对吧？让我们按照这样的想法归纳一下：

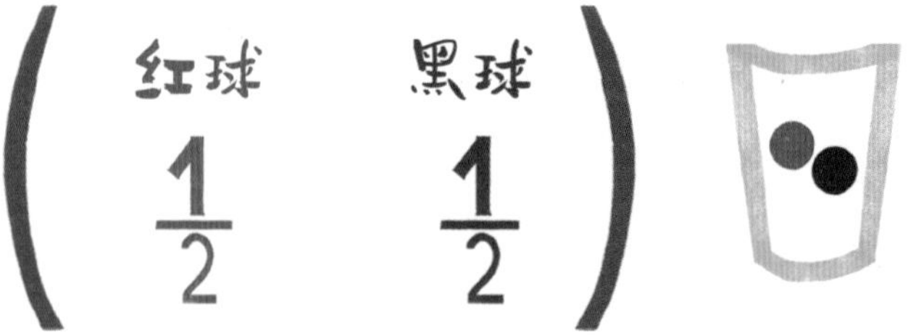

红球 $\frac{1}{2}$　黑球 $\frac{1}{2}$

“数学家用概率一词替换了信心。

“现在，我再加入一个白球，示意图可以改为：

红球 $\frac{1}{3}$　白球 $\frac{1}{3}$　黑球 $\frac{1}{3}$

“你们是不是都同意把信心三等分？”

“是！”所有人都同意了。

“给你们讲一个故事吧：我像你们这么大的时候，和我的两个兄弟一起做了几个类似的小球，用来决定每天晚上睡觉前谁负责遛狗。三个人各选了一个颜色，我记得我选的是红色的。抽到哪个颜色，谁就得毫无怨言地给狗套上皮带牵出去遛。你们可能不信，在冬天结束的时候，我们计算得出，三个人遛狗的次数几乎一样！”

“老师，我们才不信呢……”

“实际上，这才是符合逻辑的。夏天，我们又重复做了这个实验，这次是把它变成了一个游戏。每个人每天出 1 欧元，谁能猜中小球的颜色谁就能拿走 3 欧元。

“你们可能不信，在夏天结束的时候，每个人手里的钱都跟最开始差不多。”

“老师，我们才不信呢……”

“你们要相信才行，因为这是一条定律，叫作大数定律。这

条定律说，通过大量的抽签证明，抽到的结果会跟示意图中的数值一样：三分之一、三分之一、三分之一。

“我们三兄弟从来不吵架，知道为什么吗？因为这是一个诚实的游戏，被数学家们称为‘公平’的游戏——这是一个非常重要的概念。现在已经很晚了，明天我们再继续讲。”

现在每天晚上，都是我来遛云朵。希望从明年开始，弟弟也能带着它出门……要是他真的做不到，我们两个一起去也行！

难题 20

如果一只被蒙住眼睛的蚂蚁在格子上爬，它更有可能通过三个网格到达红色的节点，还是通过四个网格到达黄色的节点？

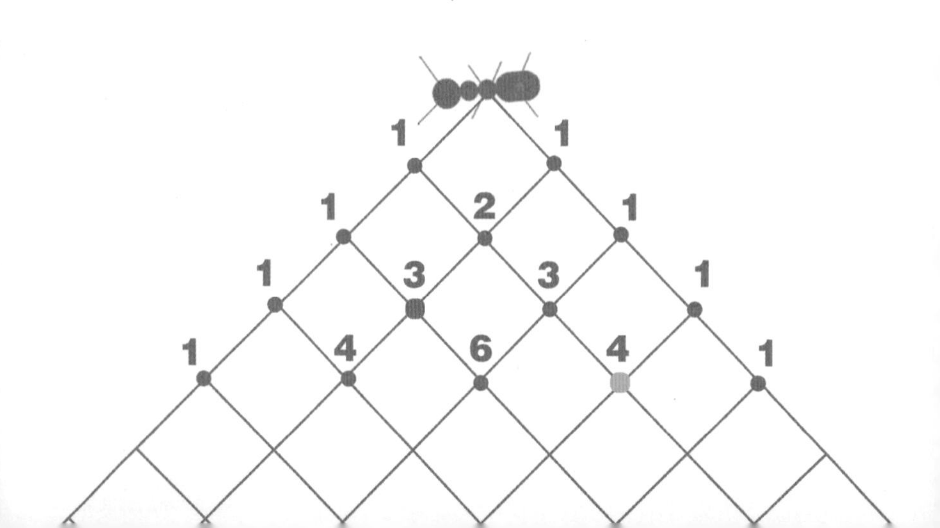

诚实的游戏

今天同学们的注意力都很集中，因为达里奥要继续讲关于游戏的事。

“让我们回到昨天的话题，继续研究那三个小球。这个游戏中发生了一件非常特殊的事，让游戏本身变得公平、公正和诚实。而这件事跟数学有关。我们想一想：游戏中每个人拿出 1 欧元，就有 1/3 的概率拿走 3 欧元。

“这些数字的特别之处在于，把它们放在一起会形成一个均等的局面：

$$\frac{1}{3} \times 3\text{欧元} = 1\text{欧元}$$

（赢的概率）　（奖励）　（拿出的钱）

“就是‘均等’让游戏变得公平！随着玩的次数增多就会发现，不会有人赢得特别多，也不会有人输得特别多。现在，我把游戏改一下：在杯中增加一个小球，比如说一个白色的小球。这样的话，信心依然可以分成 1/3、1/3、1/3 吗？”

“不是的老师，白色球更有优势。”

“是的，我们要修改一下示意图。现在有 4 个小球，我们要把信心分成 4 等份：白色球 2 份，另外两个小球各一份。就像下面这样：

红球 $\frac{1}{4}$　白球 $\frac{2}{4}$　黑球 $\frac{1}{4}$

“那你们还会去猜红球吗？黑球呢？”

“不会的，老师，我们又不傻……”

“说得对，现在游戏已经不再公平了，刚才的均等局面已经被打破了！

“我们要把‘=’换成‘≠’，意思是‘不等于’：

$$\frac{1}{4} \times 3\text{欧元} \neq 1\text{欧元}$$

（赢的概率）　（奖励）　（拿出的钱）

“所以，亲爱的同学们，你们在玩游戏的时候，要注意看看游戏的概率是如何分配的！

“还有一件事也可能会让游戏变得不公平。好好听着。假设游戏的举办者想要获得工作报酬，或者想要以此赚钱，他决定从玩家为参加游戏而支付的费用中抽走一部分，这样奖金就减少了，变成了2欧元。

“再一次，这个游戏的均等局面被打破了：

$$\underset{\text{（赢的概率）}}{\frac{1}{3}} \times \underset{\text{（奖励）}}{2\text{欧元}} \neq \underset{\text{（拿出的钱）}}{1\text{欧元}}$$

“这就跟有两个白球的那个游戏一样，玩的次数越来越多了，输的次数也会越来越多。

“那么，我的建议是：你们可以开开心心地去玩那些靠运气赢的游戏，但是一定要先检查游戏是不是公平！”

今晚，我想发明一个公平的游戏和弟弟一起玩，虽然弟弟一输马上就会哭鼻子。

难题 21

一个两人游戏，就算两个人赢的概率不同，游戏也有可能是公平的。但在这种情况下，两个人获得的奖励就要不同。这里有一个例子。两个人玩掷色子的游戏，其中一个猜会掷点数 6 来，另一个猜不会。因为色子有 6 个面，第一个人赢的概率是 1/6，而第二个人赢的概率是 5/6，是第一个人的 5 倍。那怎样才能让这个游戏公平呢？这就需要处于劣势方获得的奖励是对方的 5 倍。比如，第一个人赢的话，会从第二个人那里得到 6 欧元，而第二个人赢的话，则只会从第一个人那里得到 1.2 欧元，也就是 6 欧元的五分之一。

$$6 \times \frac{1}{6} = 1.20 \times \frac{5}{6}$$

$$1 = 1$$

这样就依然是均等的，确保了游戏的公平性！

如果第一个人拿出 4 欧元，猜会掷点数 6，那么假如他输了，应该给另外一个人多少钱呢？

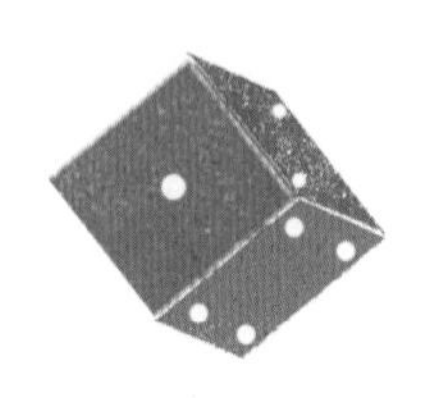

有人做游戏，有人做运动

为了组织学校运动会，同学们争论得很激烈，因为没有办法选出跑接力的两个人。这两个人要围着场地跑一圈，一共是 240 米，每个人要跑 120 米。

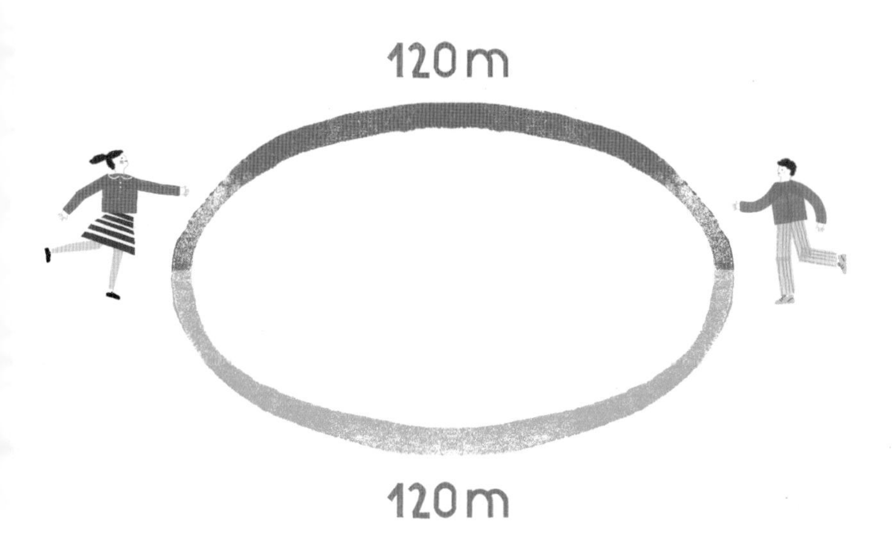

最后选出了两组：一组是马尔塔和马尔科，两个人在试跑时速度都是每秒 5 米；另外一组是贾达和朱利奥，贾达是学校里跑得最快的，每秒可以跑 6 米，而朱利奥却是最慢的，每秒只能跑 4 米。我觉得这样安排是对的—— 一整圈跑下来，他们俩的

平均速度也能达到每秒 5 米。

$$(6+4)\div 2=5$$

达里奥却不同意："不对，不是这么算的，很多人都会犯这种错误。我们从基础的讲起吧。速度是一个物理学概念，它表示走过的路程与所用时间的比。一辆车 2 小时跑了 260 千米，另一辆车 3 小时跑了 390 千米，那么这两辆车的速度是一样的，因为 260÷2 等于 390÷3。"

这就是他告诉我们的规则：

速度=路程÷时间

我早已经知道了，跟爸爸妈妈一起旅行时，我总是会算一算到奶奶家的速度是多少。奶奶家离我们家有 27 千米远。

"现在，假设朱利奥和贾达接力跑的时候，与试跑的速度相同，分别是每秒 4 米和每秒 6 米，我们来计算一下，他们跑自己那段路程需要多少时间。该怎么算呢？"

这看起来很难，实际上却不难，在现有的公式里就可以找到：

除数=被除数÷商

所以：

时间=路程÷速度

我们就能得出：

贾达所用的时间 120÷6 = 20 秒

朱利奥所用的时间 120÷4 = 30 秒

“把两个时间加起来，20 秒 + 30 秒 = 50 秒，就可以得出他们跑完一整圈 240 米的速度是多少。当然我们仍假设贾达和朱利奥的表现跟试跑时一样。”

贾达–朱利奥小组的速度是：

240÷50 = 4.8 米 / 秒！！！

太出乎意料了！总而言之，如果分段距离跑的速度不同，你就不能把它们的平均值当成跑完全程的速度，太奇怪了……

达里奥说，要想找到原因，我们必须认真思考：因为贾达是全校跑得最快的，只要 20 秒就能跑完，而朱利奥却要跑上 30 秒，因此朱利奥会拖后腿，会降低平均速度。

“同样的事情也会发生在考试分数上。比如说，有一个同学第一个月得了两个 8 分[①]和两个 6 分，平均分是 7 分。第二个月得了一个 8 分，你不能说他两个月的平均分是 7.5 分。你要算一下这五个分数的总和，然后把它除以 5，得出他的平均分是 7.2 分。”

我们真应该到楼下去，把这些说给田径队的人听，达里奥却建议我们，比赛当天到体育馆去为朱利奥加油：“没准比赛时他会竭尽全力，把速度提上去呢。”到时候我们就这么做！

①在意大利，分数是 10 分制，6 分及格。——编者注

难题 22

朱利奥跑接力的时候，跑完 120 米的时间最长不能超过多少秒，才能让他所在的小组不会输掉比赛？

还有人做饭

我也想上烹饪课。我看到学烹饪的同学在做很好吃的饼干，上面撒满了巧克力碎，这也是我最喜欢的饼干了！

“你们知道吗？”老师说，“厨房里也需要数学。要想做出美味的饼干，就要分配好所有的食材，计算好正确的数量，找到最合适的烤盘，设定好烘焙的时间——这些都是数学问题！数学一直就存在于我们日常生活中的方方面面，与我们主要的活动息息相关：土地耕种和仓库中农作物的储存，食物的准备和保存，房屋和工具的建造，以物易物的交易和货币交易。在家中活动往往最频繁的场所——厨房，数学也无处不在。”

我马上想到了秤上显示的数字，还有买菜的账单，等等。而比安卡说：我们以前和老师计算过1升装牛奶包装盒的表面积，明白了1升装的包装盒比两个半升装的包装盒在制作时更节省纸板。达里奥提出一个关于土豆的问题：“食品的包装问题跟蔬菜的表皮问题很相像。你们想一想土豆皮：当重量相同时，一个大土豆的土豆皮就比两个小土豆的土豆皮要少。这一点很重要：皮越

少浪费得就越少！而如果要把土豆整个儿放到锅里煮，最好选择体积小的，因为小的熟得快，可以节省燃气。这就是一个关于体积的问题了。

“说到浪费，有没有人见过厨师朋友们在压餐前小比萨饼时有多用心？圆圆的小比萨饼一个挨一个，为了节省它们之间的空间，厨师最后采用了两种不同的方法：

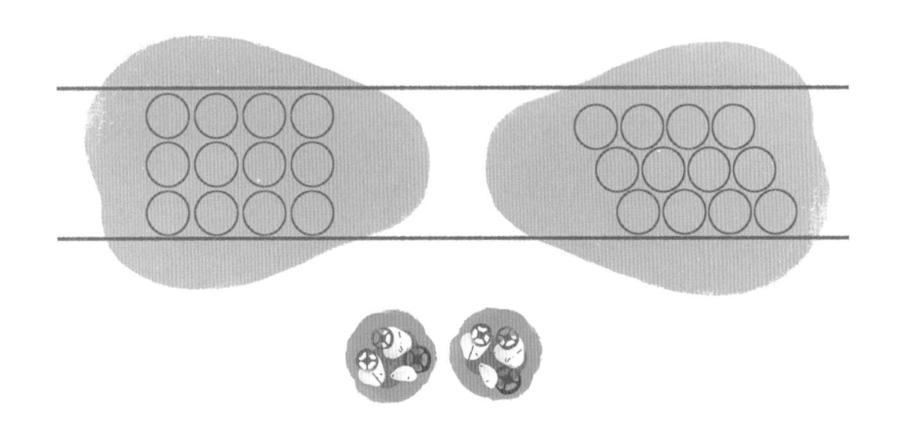

“因为知道公式，我们马上就能从这两种方法中做出选择。看到了吗？第一种方法中，这 12 个小比萨饼所占的面积近似于一个长方形，而第二种方法中，它们排列得像是平行四边形——它的底边跟长方形一样，但要注意的是，它的高比长方形要小！

“这两个形状的面积算法是一样的，都是底乘以高，所以，所占面积较小的是平行四边形。对吗？这就是我们利用一个公式做出的简单推导。这也正是数学家们的工作！”

“老师，我们去跟学烹饪的同学说一说……没准他们为了表示感谢，会送给我们一些小比萨饼呢！”

“好主意，课间我们就去吧！现在呢，我要再讲一个很棒的故事。怎样堆放圆柱体并让它们所占的面积最小，这可是个好问题。那些堆放圆木和圆柱体的人最清楚了。就像你们看到的，解决方法其实并不难：只要围绕着一个圆柱，摆上其他 6 个圆柱就行。

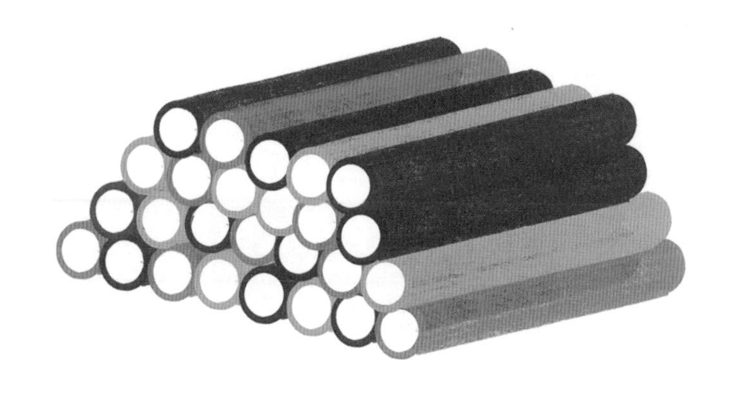

“想要摆放球体，事情就会变得复杂多了！怎样才能让它们靠得更紧呢？这个问题就是 1900 年提出的 23 个问题之一，叫开普勒猜想，源自天文学家、数学家开普勒在 17 世纪的研究。而之所以会出现这个问题，竟然是因为人们想要找出在船上堆放炮弹的最佳方法！经过无数次研究，它终于在 1998 年被证明出来，而且所涉及的天文计算也是在计算机帮助下才得以进行。有意思的是，数学家们最终得出的堆积球体的方法，不正是几个世纪以来，水果摊上摆放水果的常见做法吗！

“如果球体可以被挤压，那么去掉球与球之间的空隙——就

像层层叠叠的肥皂泡一样，它们就变成了一个多面体，这时体积也会随之减小。”

难题 23

要做 70 个小比萨饼，使用哪种办法才能让面饼剩下的料最少呢：7 张长方形的面饼，还是 10 张圆形的面饼？

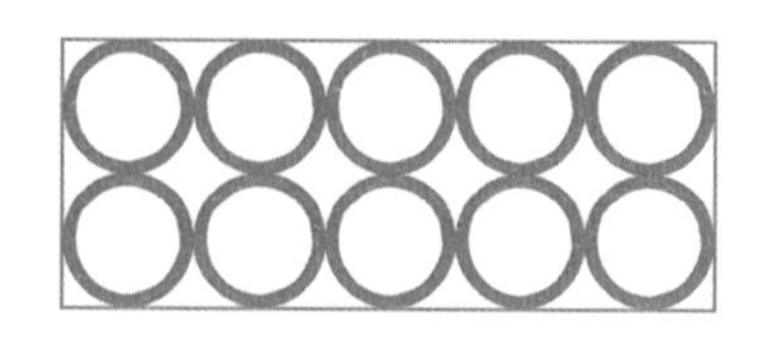

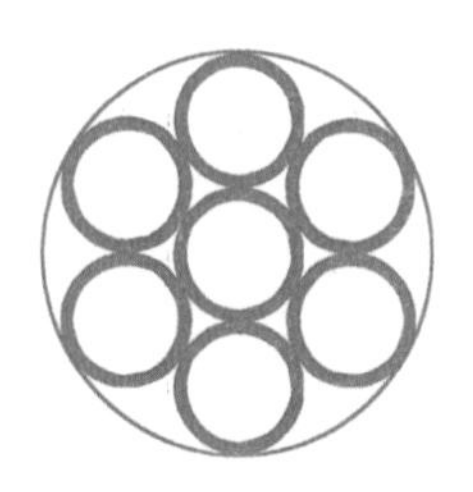

应急与安全

“烹饪是门艺术，但却需要我们非常谨慎！”达里奥这么告诫说，“知道吗？家里最常发生事故的地方就是厨房。幸运的是，数学又一次帮助了我们。正是因为有了逻辑数学运算，我们才能够建立安全应急系统。

“你们注意到了吗？打开燃气灶的时候，在旋转按钮的同时还要按压它。这样就要进行两项操作而不是一项，以确保不会因人为疏忽而造成燃气泄漏。

“在可能出现的四种情况中，只有一种可以打开燃气灶：同时旋转和按压按钮的。”

从下面的表格中可以看得很清楚：

按压	旋转	打开燃气灶
否	否	否
否	是	否
是	否	否
是	是	是

“老师，”迭戈说道，“止咳糖浆的瓶盖也是这样的，得妈妈才能打开，我自己可没办法……”

“很好。这个安全系统也遵循了相同的模式，也可以用相同的表格表示。这种表格就叫合取表格或 AND 表格；AND 在英语里有‘与’的意思，而正是“与”一词连接了两个命题：旋转与按压。

“厨房里还有另一个系统，叫作应急系统，它会在有水溢出的时候工作。这里同样用到了逻辑数学。通常水盆里会有两个排水孔：上面的溢水孔和下面的排水孔。

溢水孔开着	排水孔开着	水被排空
否	否	否
否	是	是
是	否	是
是	是	是

“看到了吗？在上面三种情况下，水盆里的水都能排空。只有两个孔都被堵住，水龙头一直开着，厨房才会淹！

“这个表格就叫析取表格或 OR 表格，OR 在英语里有‘或’的意思，而正是‘或’一词连接两个命题：水会从下面的孔或上面的孔排出。

“刚才讲的这些，是通过机械方式实现的安全系统和应急系统。这类系统通常是用电带动的，也就是说，当电流在电路中流动时，它们才能工作。而所谓电路就像我在下面画的这样：

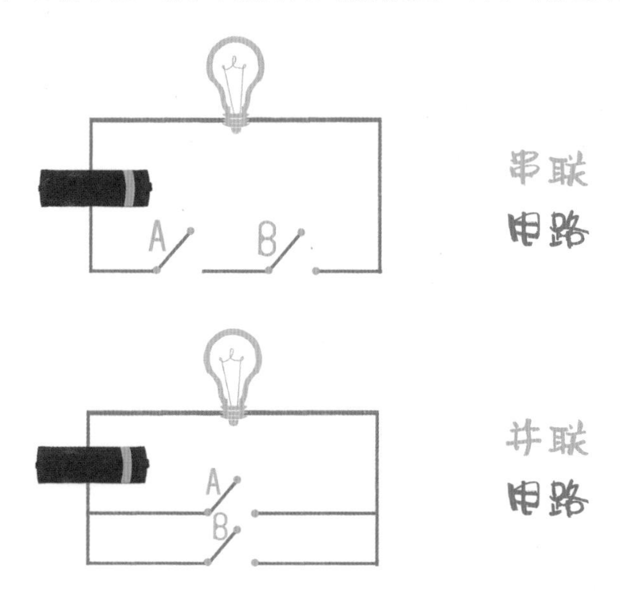

“看到了吗？在串联电路中，当开关 A 与 B 都闭合时，电流才能通过；在并联电路中，当开关 A 或 B 闭合时，电流都可以通过。它们的工作逻辑，与我们刚才学习的安全系统和应急系统一样，唯一的区别是符号不同。在给这些系统编程的电子表格里，你们会找到 1 和 0，它们代表‘是’和‘否’。符号 1 表示开关是闭合的，电流可以通过；符号 0 代表开关是断开的，电流无法通过。这些符号好理解吗？我讲的时候，是不是可以把你们当大孩子看待？”

“老师，我们已经在二进制里见过 1 和 0 的符号了，我们都成长在电子时代，是不会被这些吓倒的！”

A	B	A 与 B
0	0	0
0	1	0
1	0	0
1	1	1

A	B	A 或 B
0	0	0
0	1	1
1	0	1
1	1	1

（这是弗朗切斯科说的，他和我的想法一样！）

没准长大以后我会去学计算机，就像史蒂夫·乔布斯，那样的话该有多好啊！

难题 24

下面这个电路中，B和C并联，再和A串联。在哪种情况下，电流才会通过，灯泡才会亮？

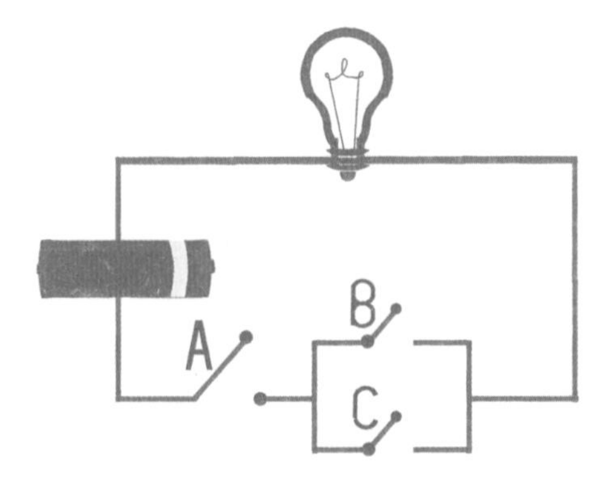

来一个漂亮的收尾吧

“老师，我们要怎么做课程展板？”“我们要把展板做得非常漂亮，不对，是完美无瑕！嗯……要把暑假课程来个漂亮的收尾。我要教你们画一种非常特别的长方形——黄金矩形！（矩形也就是长方形。）长方形跟正方形不同，不是所有长方形都相似：正方形就算大小不同，形状却都是相同的；而长方形有高有矮，有宽有窄，还有的类似正方形……你们看：

“你们可能不信，人们做选择时，总喜欢选蓝色的那个，不知道为什么，它就是比其他长方形更受欢迎。说实话，人们其实是知道原因的，而且古人也早就已经知道了。

“仔细想一想，很多艺术表现形式中都用到了黄金矩形，比如帕提侬神庙，达·芬奇的名画《最后的晚餐》。而我们要做的展板也要以这个形状呈现。

“我来教你们画，你们就会明白为什么它这么特别了。用尺子随便画一个正方形 $ABCD$。把 AB 边和 DC 边延长，然后以 AB 边的中点为圆心，用圆规画一个通过 C 点的圆弧；以 DC 边的中点为圆心，以同样的距离再画一条通过 B 点的圆弧：

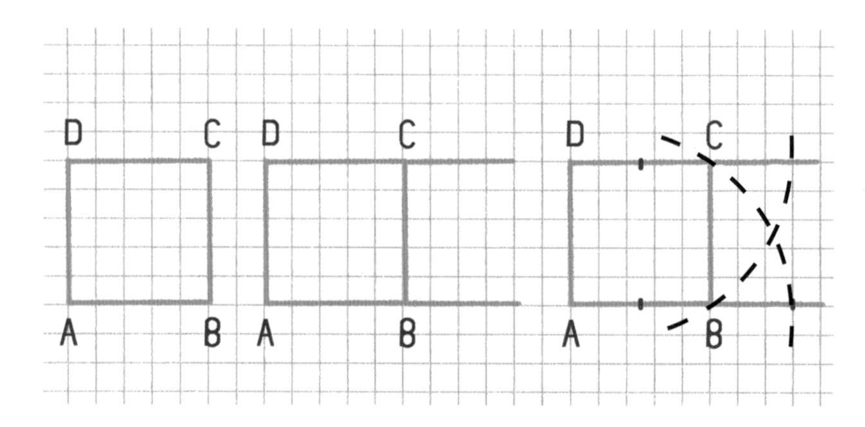

“现在，只要把圆弧与两条边的交点连接起来，黄金矩形就画好了！

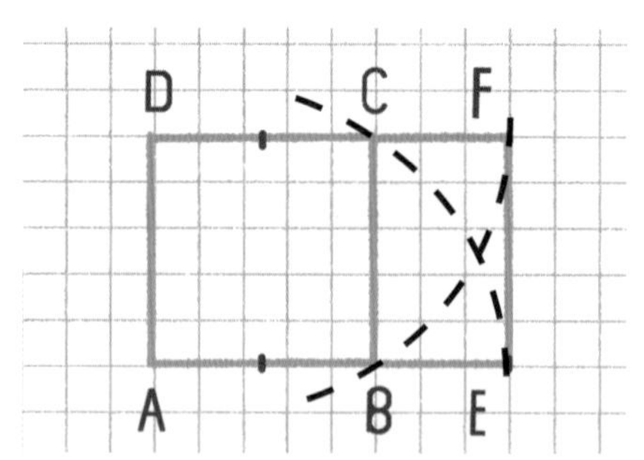

“这样得到的长方形有什么特殊的地方呢？有很多很多。第一，右边的小长方形，紧挨着左边的正方形，它的形状与我们刚

画的大长方形相似，虽然它只是图形的一部分。如果把小长方形画在大长方形里，就能看得很清楚：

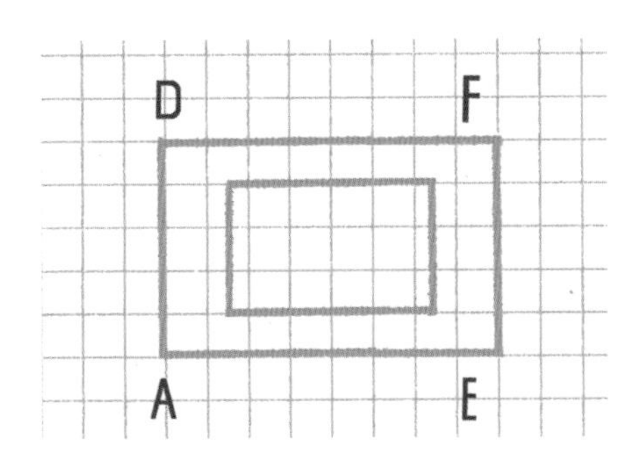

“现在我们在大长方形里，连续地画出小正方形，就像这样：

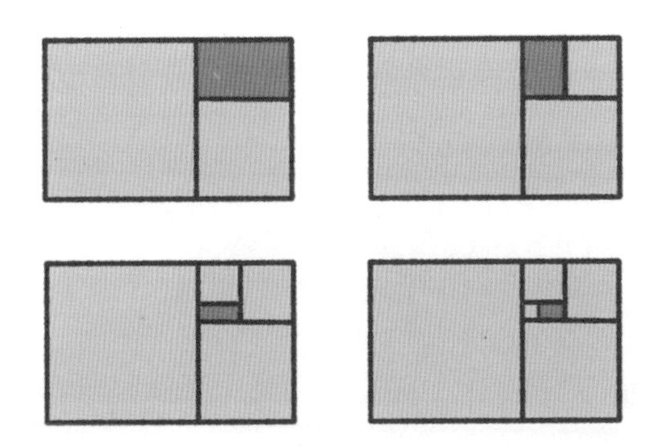

“每次剩下的长方形，都与最开始的长方形相似！我们就好像看到了同样的长方形一直在缩小。之所以会出现这样的情况，是因为它们的短边与长边的比值总是不变的。短边总是约为长边的 0.618，比长边的一半稍微长一点。

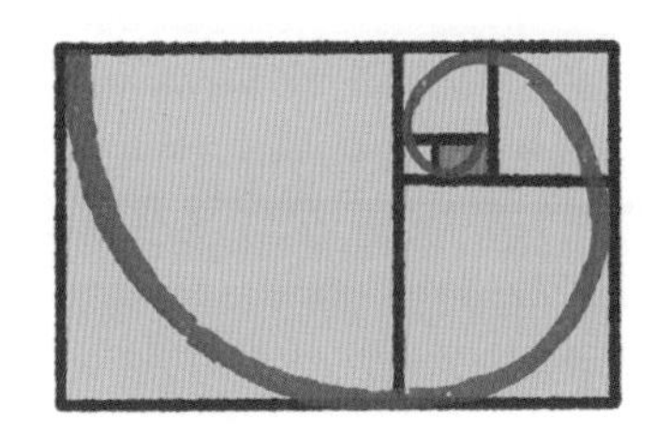

“看一看我画的这条曲线，我把所有正方形里的四分之一圆弧连在了一起。这是一条非常特殊的曲线，大自然却很熟悉它，把它‘画’在了很多生物身上。比如蜗牛壳上的螺旋线，这条线使蜗牛从出生到成年都能保持相似的外貌：它的壳仅会在最外端生长，通过碳酸钙的堆积而形成。我们在生长的时候，也与婴儿时的自己相似，但这对我们来说更简单，因为身体各个部位都在生长。

“这条曲线的名字叫等角螺线，也叫神奇螺线。这么称呼它一点都没错——甚至连星系都是沿着这个形状在壮大！你们看，蜗牛壳与这个星系多像啊！”

最后，我们做了一些非常漂亮的展板，每个展板的形状都是黄金矩形。在展板上，我们写下了在暑期课程中遇到的问题。

我们想画一只漂亮的蜗牛送给学烹饪的同学，他们做的食物都取材天然，没准会需要一个类似慢食运动[1]的标志。

---

① 慢食运动，是意大利人首先提倡的一项反对快餐、享受营养均衡的传统美食的运动，标志是一只蜗牛。——译者注

难题 25

黄金矩形的短边与长边的比值，为了简便，取 0.618，而实际上这个数字的小数点后面有无数位！这是小数点后面的十位：

0.6180339887…

而反过来，其长边与短边的比值是：

1.6180339887…

后一个比值只比前一个比值多 1，而小数点后面的数字是完全一样的！比值 0.618 通常被称为黄金比例，用希腊字母 Φ（Phi）表示，取自帕提侬神庙的建筑师菲狄亚斯名字的首字母。

这些数字与斐波那契数列有着非常紧密的联系。观察下面数列中相邻两个数字的比值，就能发现比值的小数点后的数字越来越近黄金比例。或者画一个长方形：先画两个边长为 1 的正方形，然后依次增加一个正方形，使它的边长等于之前两个数字之和。这虽然不是黄金矩形，却与它很相似，而且画起来很简单。

2 : 1 = 2.000
3 : 2 = 1.500
5 : 3 = 1.667
8 : 5 = 1.600
13 : 8 = 1.625
21 : 13 = 1.615
34 : 21 = 1.619
55 : 34 = 1.618
89 : 55 = 1.618

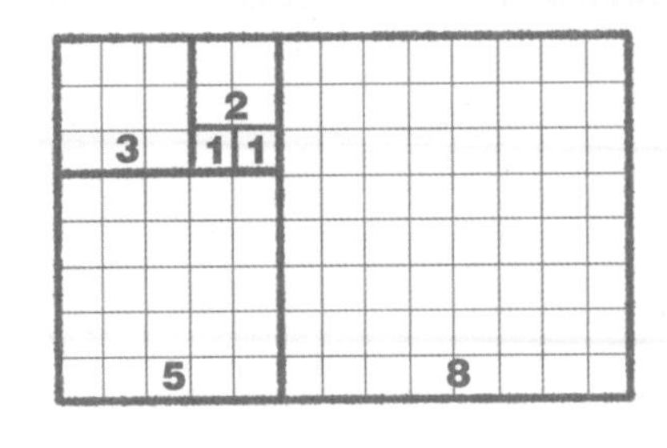

现在试着从斐波那契数列中找一找：从哪一组相邻数字开始，它们的比值的小数点后五位数字，与黄金比例相同？

结业联欢会

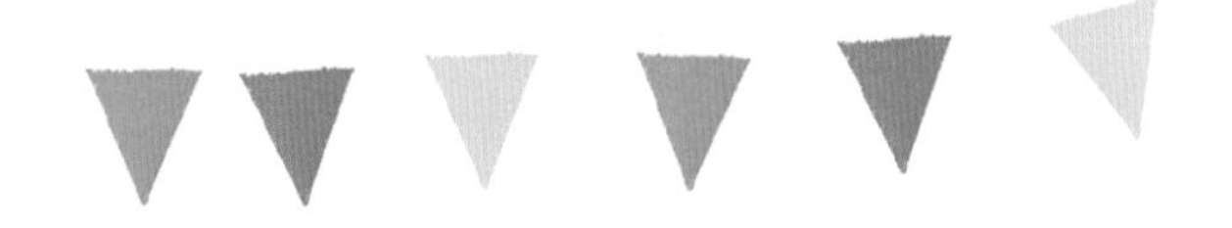

联欢会上来了好多人。展台上展览着我们的作品。最受欢迎的展台是烹饪班的，他们做的馅饼很快就被一抢而光。还举办了运动会和橄榄球比赛。我们输了，但虽败犹荣：47∶45。在寻宝比赛中，考拉队赢了，他们答对了问题（密码是 4），成功地完成了解密任务。达里奥带着他的女朋友来了，她称赞了我们，还预祝我们在 9 月的校际竞赛中取得好成绩。达里奥给她讲了关于我们的所有事情。

我长大以后，想再回到这所学校来，给同学们上几堂实验课，把学到的内容教给他们。不过，我得先学会这些内容。而现在，我们希望至少能赢得数学竞赛！

最后的难题

为在这本书中提到的每一项活动，寻找可以应用数学的例子。

难题的答案

1. 加德纳发表的时候说，4 种颜色是不够的。而那天是 1975 年 4 月 1 日，他想跟他的读者们开个玩笑!

2. 一个边长为 3，另一个边长为 4，正好是 $3^2+4^2=5^2$。

这是著名的勾股定理。由 100 个小正方形组成的大正方形，可以分成一个由 36 个小正方形组成的正方形，以及一个由 64 个小正方形组成的正方形（$6^2+8^2=10^2$）。下一个数字是 169，它可以分为一个由 25 个小正方形组成的正方形，以及一个由 144 个小正方形组成的正方形，即 $5^2+12^2=13^2$。类似 3、4、5 或 5、12、13 的任意 a、b、c 三个数字，只要可以满足公式 $a^2+b^2=c^2$，就被称为勾股数。

3. 如果是“是”，数字是偶数，反之就是奇数。

4. 除了开始的两个数字，其余的每一个数字，都是前两个数字之和。所以下一个数字是 55。

5. 这是意大利中部行政区示意图。

6. 会退还 3 个数中最大的那个。

7. 这是其中的一个解决方案：每一个区域都被偶数座桥连接。这样就可以从一个节点出发并回到这个节点，而且只通过每座桥一次。

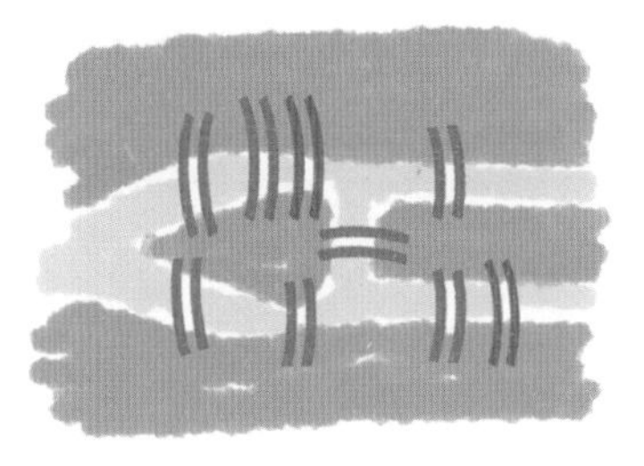

8.

ABCD	BACD	CABD	DABC
ABDC	BADC	CADB	DACB
ACBD	BCAD	CBAD	DBAC
ACDB	BCDA	CBDA	DBCA
ADBC	BDAC	CDAB	DCAB
ADCB	BDCA	CDBA	DCBA

连接 4 座发电站的方式有 3 种：

9. 只要再删除 13 的倍数就行了：

2 3 5 7 11 13 17 19 23 29 31 37 41 43 47 53 59 61 67 71 73 79 83 89 97 101 103 107 109 113 127 131 137 139 149 151 157 163 167 173 179 181 191 193 197 199

10. 在 5 个个人信息参数的基础上，可以再加上鞋子的数量。

11. 用第一种话费套餐：每分钟 10 欧分加每次 20 欧分的接通费，会花费 1.7 欧元。而用另一种话费套餐则会花费 1.8 欧元。

12. 因为一共有 6 个人，比起把所有由 4 个人组成的子集都列出来，下面这种方法更加简单：每一个由 2 个人组成的子集（在海战游戏那里我们已经都列举了出来），都对应一个由 4 个人组成的子集，所以总数是 6 的时候，有多少个由 4 个人组成的子集，就有多少个由 2 个人组成的子集，所以结果还是 15。

13. 一共有 20 支球队，所以同时可以进行比赛的球队有 10 组。一共有 190 场主场比赛，也就是 $190 \div 10 = 19$，需要 19 个周日完成这些比赛。

14. 要得到 10!，即前 10 个数字的乘积，需要将这个式子里的所有数字相乘：$1 \times 2 \times 3 \times 4 \times 5 \times 6 \times 7 \times 8 \times 9 \times 10 = 3628800$。要计算总和，只需要通过公式，两步就可以得到结果：$11 \times 10 \div 2 = 55$。所以利用公式要快得多！

15.

	1										
1	1	1									
1	1	2	1								
2	1	3	3	1							
3	1	4	6	4	1						
5	1	5	10	10	5	1					
8	1	6	15	20	15	6	1				
13	1	7	21	35	35	21	7	1			
21	1	8	28	56	70	56	28	8	1		
34	1	9	36	84	126	126	84	36	9	1	
55	1	10	45	120	210	252	210	120	45	10	1

16. 集合增加一个元素，它的子集的数量就会变成原来的二倍：实际上，新子集的数量，是要增加一个新元素的这个旧集合子集的数量，加上不含新元素的旧集合的子集数量。

17. 25, 23, 21, 47; 100000000。

18. 最佳射门的点全部都集中在线段 MP 上，实际上，比起 P 点，黄线上的其他点都比它差，无论是射门的角度，还是到球门的距离：角度变小而距离变大。在 M 点处，角度和距离都为 0；当点向 P 移动时，这两个值都会增加，直到达到最大值。如果半径减小，圆心角会增大，圆周角也会增大，但是与黄线却没有共同的交点了……

19. 是 4。我们把要寻找的数字称作密码，可以列出：

密码的 2 倍 − 5 = 密码 − 1

在等号的左右两边都加上 5：

密码的 2 倍 − 5 + 5 = 密码 − 1 + 5

密码的 2 倍 = 密码 + 4

密码 = 4

20. 蚂蚁用 8 种不同路线中的 3 种，通过 3 个网格到达红色的节点，用 16 种不同路线中的 4 种，通过 4 个网格到达黄色的节点；两个概率分别是$\frac{3}{8}$和$\frac{4}{16}$，而$\frac{3}{8}$大于$\frac{4}{16}$，所以它更有可能到达红色的节点。

21. 0.8 欧元，就是 4 欧元的五分之一。

22. 28 秒。如果另外一组以每秒 5 米的速度跑，则需要 240÷5 = 48 秒。所以，如果贾达用 20 秒跑完她的那一段，那么朱里奥跑的时候就不能超过 28 秒。

23. 我们假设小圆的直径是 1 分米。它们的面积用平方分米表示：长方形的面饼面积 = 10，一个小比萨饼 = 0.785，10 个小比萨饼 = 7.85，一张面饼剩下的部分 = 2.15，7 张面饼剩下的部分 = 15.05；圆形的面饼 = 7.065，7 个小比萨饼 = 5.495，一张面饼剩下的部分 = 1.57，10 张面饼剩下的部分 = 15.7，所以 7 张长方形面饼剩下的料比较少！（注意，虽然按照六边形排列的圆彼此之间的空隙最小，但是这里还有圆与边界之间没有被利用的部分。）

24. A 闭合，B 闭合，C 闭合（1，1，1）

A 闭合，B 闭合，C 断开（1，1，0）

A 闭合，B 断开，C 闭合（1，0，1）

25. 610 和 377。

最后的难题： 这里要举的例子实在太多了，就像费马说的：“……没有办法全部写进狭窄的页面空白处。”